长江人文馆
Humanities

孔子传

钱穆/著

长江出版传媒　长江文艺出版社

图书在版编目（ＣＩＰ）数据

孔子传 / 钱穆著. -- 武汉：长江文艺出版社，
2020.10
　（钱穆作品）
　ISBN 978-7-5702-1782-3

　Ⅰ. ①孔… Ⅱ. ①钱… Ⅲ. ①孔丘（前 551-前 479）
—传记 Ⅳ. ①B882.2

中国版本图书馆 CIP 数据核字(2020)第 170262 号

策划编辑：陈俊帆
责任编辑：毛　娟　胡金媛　　　　　责任校对：毛　娟
封面设计：天行云翼·宋晓亮　　　　责任印制：邱　莉　杨　帆

出版：长江出版传媒 | 长江文艺出版社
地址：武汉市雄楚大街 268 号　　　　邮编：430070
发行：长江文艺出版社
http://www.cjlap.com
印刷：湖北新华印务有限公司

开本：640 毫米×970 毫米　　　1/16　　印张：14.5　　插页：1 页
版次：2020 年 10 月第 1 版　　　　2020 年 10 月第 1 次印刷
字数：145 千字

定价：32.00 元

目　录

序　言

　　孔子为中国历史上第一大圣人。在孔子以前，中国历史文化当已有两千五百年以上之积累，而孔子集其大成。在孔子以后，中国历史文化又复有两千五百年以上之演进，而孔子开其新统。在此五千多年，中国历史进程之指示，中国文化理想之建立，具有最深影响最大贡献者，殆无人堪与孔子相比。

　　孔子生平言行，具载于其门人弟子之所记，复经其再传、三传门人弟子之结集而成之《论语》一书中。其有关于政治活动上之大节，则备详于《春秋左氏传》。其他有关孔子言行及其家世先后，又散见于先秦古籍如《孟子》《春秋公羊》《穀梁传》《小戴礼记·檀弓》诸篇，以及《世本》《孔子家语》等书者，当尚有三十种之多。最后，西汉司马迁《史记》采集以前各书材料成《孔子世家》，是为记载孔子生平首尾条贯之第一篇传记。

　　然司马迁之《孔子世家》，一则选择材料不谨严，真伪杂糅。一则编排材料多重复，次序颠倒。后人不断加以考订，又不断有人续为孔子作新传，或则失之贪多无厌，或则失之审核不精，终不能于《孔子世家》以外别成一惬当人心之新传。

　　本书综合司马迁以下各家考订所得，重为孔子作传。其最大宗旨，乃在孔子之为人，即其所自述所谓"学不厌、教不倦"者，而寻求孔子毕生为学之日进无疆，与其教育事业之博大深微，为主要中心，而政治事业次之。因孔子在中国历史文化上之主要贡献，厥在其自为学与其教育事业之两项。后代尊孔子为至圣先师，其意义即在此。故本书所采材料亦以《论语》为主。凡属孔子之学术思想，悉从其所以自为学与其教育事业之所至为主要中心。孔子毕生志业，可以由此推见。而孔子之政治事业，则为其以学以教之当境实践之一部分。虽事隔两千五百年，孔子之政治事业已不足全为现代人所承袭，然在其政治事业之背后，实有其以学以教之当境实践之一番精神，为孔子学术思想以学以教、有体有用之一种具体表现。欲求孔子学术思想之笃实深厚处，此一部分亦为不可忽。

　　孔子生平除其自学与教人与其政治事业外，尚有著述事业一项，实当为孔子生平事业表现中较更居次之第三项。在此一项中，其明白可征信者，厥惟晚年作《春秋》一事。其所谓订《礼》《乐》，事过境迁，已难详说，并已逐渐失却其重要性。至于删《诗》《书》，事并无据。赞《周易》则更不足信。

　　以上关于孔子之学与教，与其政治事业、著述事业三项层次递演之重要性，及其关于著述方面之真伪问题，皆据《论语》一书之记载而为之判定。汉儒尊孔，则不免将此三项事业之重要性首尾倒置。汉儒以《论语》列于小学，与《孝经》《尔雅》并视，已为不伦。而重视五经，特立博士，为国家教育之最高课程，因此以求通经致用，则乃自著述事业递次及于政治事业，而在孔子生平所最重视之自学与教人精神，则不免转居其后。故在汉代博士发扬孔学方面，其主要工作乃转成为对古代经典之训诂章句，此岂得与孔子之"述而不作"同等相拟。则无怪乎至于东汉，博士皆倚席不讲，而太学生清议遂招致党锢之祸，而直迄于炎汉之亡。此下庄老、释氏迭兴并盛，虽唐代崛起，终亦无以挽此颓趋。此非谓《诗》《书》《礼》《易》可视为与儒学无关，乃谓孔子毕生精神，其所谓学不厌、教不倦之真实内容，终不免于忽视耳。

宋代儒学复兴，乃始于孔子生平志业之重要性获得正确之衡定。学与教为先，而政治次之，著述乃其余事。故于五经之上，更重四书，以孟子继孔子而并称，代替了汉唐时代以孔子继周公而齐称之旧规。此不得不谓乃宋儒阐扬孔子精神之一大贡献。宋儒理学传统迄于明代之亡而亦衰。清儒反宋尊汉，自标其学为汉学，乃从专治古经籍之训诂考据而堕入故纸堆中，实并不能如汉唐儒之有意于通经致用，尚能在政治上有建树。而孔子生平最重要之自学与教人之精神，清儒更所不了。下及晚清末运，今文《公羊》学骤起，又与乾嘉治经不同。推其极，亦不过欲重返之于如汉唐儒之通经而致用，其意似乎欲凭治古经籍之所得为根据，而以兴起新政治。此距孔子生平所最重视之自学与教人精神，隔离仍远。人才不作，则一切无可言。学术错误，其遗祸直迄于今。今者痛定思痛，果欲复兴中国文化，不得不重振孔子儒家传统，而阐扬孔子生平所最重视之自学与教人精神，实尤为目前当务之急。本书编撰，着眼在此。爰特揭发于《序言》中，以期读者之注意。

本书为求能获国人之广泛诵读，故篇幅力求精简。凡属孔子生平事迹，经历后人递述，其间不少增益失真处，皆一律删削。本书写作之经过，其用心于刊落不着笔处，实尤胜过于下笔写入处。凡经前人辩论，审定其为可疑与不可信者，本书皆更不提及，以求简净。亦有不得尽略者，则于正文外别附"疑辨"二十五条，措辞亦力求简净，只略指其有可疑与不可信而止，更不多及于考证辨订之详。作者旧著《先秦诸子系年》之第一卷，多于孔子事迹有所疑辨考订，本书只于"疑辨"诸条中提及《系年》篇名，以便读者之参阅，更不再事摘录。

自宋以来，关于孔子生平事迹之考订辨证，几于代有其人，而尤以清代为多。综计宋、元、明、清四代，何止数十百家。本书之写定，皆博稽成说，或则取其一是，舍其诸非。或则酌采数说，会成一是。若一一详其依据人名、书名、篇名及其所以为说之大概，则篇幅之增，当较今在十倍之上。今亦尽量略去，只写出一结论。虽若有掠美前人之嫌，亦可免炫博夸多之讥。

清儒崔述有《洙泗考信录》及《续录》两编，为考订辨论孔子生平行事诸家中之尤详备者。其书亦多经后人引用。惟崔书疑及《论语》，实其一大失。若考孔子行事，并《论语》而疑之，则先秦古籍中将无一书可奉为可信之基本，如此将终不免于专凭一己意见以上下进退两千年前之古籍，实非考据之正规。本书一依《论语》为张本，遇《论语》中有可疑处，若崔氏所举，必博征当时情实，善为解释，使归可信，不敢轻肆疑辨。其他立说亦有超出前人之外者，然亦不敢自标为作者个人之创见。立说必求有本，群说必求相通，述而不作，信而好古，亦窃愿以此自附于孔子之垂谕。

作者在一九二五年曾著《论语要略》一书，实为作者根据《论语》为孔子试作新传之第一书。一九三五年有《先秦诸子系年》一书，凡四卷，其第一卷乃为孔子生平行事，博引诸家，详加考辨，所得近三十篇。一九六三年又成《论语新解》，备采前人成说，荟粹为书，惟全不引前人人名、书名、篇名及其为说之详，惟求提要钩玄，融铸为作者一家之言，其体例与今书相似。惟《新解》乃就《论语》全书逐条逐字解释，重在义理思想方面，而于事迹之考订则缺。本书继三书而作，限于体裁有别，于孔子学术思想方面仅能择要涉及，远不能与《新解》相比。但本书见解亦有越出于以上三书之外者。他日重有所获不可知，在此四书中见解傥有相异，暂当以本书为定。读者倘能由此书进而涉及上述三书，则尤为作者所私幸。

本书作意，旨在能获广泛之读者，故措辞力求简净平易，务求免于艰深繁博之弊。惟恨行文不能尽求通俗化。如《论语》《左传》《史记》以及其他先秦古籍，本书皆引录各书原文，未能译为白话。一则此等原文皆远在两千年以上，乃为孔子作传之第一手珍贵材料，作者学力不足，若一一将之译成近代通行之白话，恐未必能尽符原文之真。若读者爱其易读，而不再进窥古籍，则所失将远胜于所得，此其一。又孔子言行，义理深邃，读者苟非自具学问基础，纵使亲身经历孔子之耳提面命，亦难得真实之了解，此其二。又孔子远在两千五百年之前，当时之列国形势、政治实况、社会详情，皆与两千五百年后吾侪所处今日大相悬隔。吾侪苟非略知孔子当年春秋时代之情形，自于孔子当时言行不能有亲切之体悟，此其三。

故贵读此书者能继此进读《论语》以及其他先秦古籍，庶于孔子言行与其所以成为中国历史上之第一大圣人者，能不断有更深之认识。且莫谓一读本书，即可对了解孔子尽其能事。亦莫怪本书之未能更致力于通俗化，未能使人人一读本书而尽获其所欲知，则幸甚幸甚。

　　本书开始撰写于一九七三年之九月，稿毕于一九七四年之二月。三月入医院，为右眼割除白内障，四月补此序。

**　　　　　一九七四年四月钱穆识于台北外双溪之素书楼**

再版序

予之此稿，初非有意撰述，乃由孔孟学会主持人亲来敝舍恳请撰述孔、孟两传。其意若谓，为孔、孟两圣作小传，俾可广大流行，作为通俗宣传之用。余意则谓，中国乃一史学民族，两千五百年前古代大圣如孔子，有关其言论行事，自司马迁《史记·孔子世家》以后，尚不断有后人撰述。今再为作传，岂能尽弃不顾，而仅供通俗流行之用。抑且为古圣人作传，非仅传其人传其事，最要当传其心传其道。则其事艰难。上古大圣，其心其道，岂能浅说？岂能广布？遂辞不愿。而请求者坚恳不已。终不获辞，遂勉允之。

先为孔子作传，搜集有关资料，凡费四月工夫，然后再始下笔。惟终以《论语》各篇为取舍之本源。故写法亦于他书有不同。非患材料之少，乃苦材料之多。求为短篇小书，其事大不易。非患于多取，乃患于多舍。抑且斟酌群言，求其一归于正，义理之外，尚需考证，其事实有大不易者。

余此书虽仅短短十章，而所附"疑辨"已达二十五条之多，虽如《史记·孔子世家》，亦有疑辨处。此非敢妄自尊大，轻薄古人。但遇多说相异处，终期其归于一是。所取愈简，而所择愈艰。此如

《易传》非孔子作，其议始自宋代之欧阳修。欧阳修自谓上距孔子已千年，某始发此辨，世人疑之。然更历千年，焉知不再有如某其人者出。则更历千年，当得如某者三人。三人为众，而至是某说可谓已得众人之公论。则居今又何患一世之共非之。但欧阳所疑，不久而迭有信者。迄今千年，欧阳所疑殆已成为定论。余亦采欧说入传中，定《易传》非孔子作。此乃是孔子死后千余年来始兴之一项大问题大理论，余为孔子作传，岂能弃置不列？又此有关学术思想之深义，岂能仅供通俗而弃置不论？

书稿既定，送孔孟学会，不谓学会内部别有审议会，审查余稿，谓不得认《易传》非孔子作，嘱改写。然余之抱此疑，已详数十年前旧稿《先秦诸子系年》中。余持此论数十年未变，又撰有《易学三书》一著作，其中之一即辨此事。但因其中有关《易经》哲理一项，尚待随时改修，遂迟未付印。对日抗战国难时，余居四川成都北郊之赖家园，此稿藏书架中，不谓为蠹虫所蛀，仅存每页之前半，后半全已蚀尽，补写为艰。吴江有沈生，曾传钞余书。余胜利还乡，匆促中未访其人，而又避内战南下至广州、香港。今不知此稿尚留人间否。

学会命余改写，余拒不能从，而此稿遂搁置不付印。因乞还，另自付印，则距今亦逾十三年之久矣。今原出版处改变经营计画，不再出版学术专著，故取回再版付印。略为补述其成书之缘起如上。至《孟子传》，则并未续写，此亦生平一憾事矣。余生平已成书而未付印者，如上述之《易学三书》。又有已成书，而其稿为出版处在抗日胜利还都时坠落长江中，别无钞本，如《清儒学案》。

今因此稿再版，不禁心中联想及之。而《清儒学案》一稿，则尤为余所惋惜不已者。兹亦无可详陈矣。

一九八七年四月钱穆补序时年九十有三

第一章　孔子的先世

一、弗父何

孔子的先世是商代的王室。周灭商，周成王封微子启于宋，遂从王室转成为诸侯。四传至宋湣公，长子弗父何，次子鲋祀。湣公不传子而传弟，是为炀公。兄终弟及本是商代的制度。但当时已盛行父子相传。鲋祀弑其叔父炀公，欲其兄弗父何为君。但弗父何若为君，当治其弟弑君之罪，在家庭间又增悲剧，因此弗父何让不受。其弟鲋祀立，是为厉公。弗父何仍为卿。孔子先世遂由诸侯家又转为公卿之家。直到孔子时，鲁国孟僖子尚说孔子乃圣人之后，因弗父何以有宋而授厉公。

二、正考父

弗父何曾孙正考父，辅佐宋戴公、武公、宣公，皆为上卿。但正考父不自满假，每一受命，益增其恭。又自奉甚俭。尝为《鼎铭》，曰：

> 一命而偻，再命而伛，三命而俯，循墙而走，亦莫余敢侮。饘于是，粥于是，以糊余口。

这真是一有修养的人。

三、孔父嘉

正考父生孔父嘉。孔父是其字，嘉是其名。因获赐族之典，其后代以其先人之字为氏，乃曰孔氏。孔父嘉为孔子之六代祖。

宋宣公传其弟为穆公，孔父嘉为大司马。穆公又传其兄宣公之子为殇公，孔父嘉受遗命佐助嗣君。华父督欲弑君，遂先杀孔父嘉。

四、孔防叔

孔父嘉曾孙曰孔防叔，畏华氏之逼，始奔鲁。为防大夫，故曰防叔。鲁有东防西防，防叔所治为东防，在今费县东北。

孔氏本为宋贵卿。或说孔父被杀，孔氏即失卿位，其子即奔鲁。或说孔父死后，孔氏卿位尚存，至防叔始奔鲁。恐当以后说为是。孔氏奔鲁后，卿位始失。但亦不即为受地而耕之平民。在当时，贵族、平民之间尚有新兴之士族，或是贵族后裔之疏远者，或是贵族之破落者，与夫平民中之俊秀子弟，因其学习当时贵族阶级礼乐射御书数诸艺，而得进身于贵族阶层中当差服务，受禄养以为生。此等士族，各国皆有，而鲁为盛。孔防叔在鲁，其身分亦为一士。其为大夫亦只受禄，不得与封地世袭者相比。至是，孔子先世遂又由贵族公卿家转为士族之家。

五、叔梁纥

孔防叔之孙曰叔梁纥，因为鲁郰邑大夫，亦称郰叔纥。郰字亦作鄹、作陬，又作邹，乃邑名，非国名，与邹国之邹异。

叔梁纥武力绝伦，在当时以勇称。

《左传》襄公十年：

> 晋人围偪阳，偪阳人启门，诸侯之士门焉。县门发，郰人纥抉之以出门者。

偪阳城门有两重，一晨夕开阖之门，又别为一门，高悬在上。偪阳人开其晨夕开阖之门，诱攻者进入城，乃放悬门而下之，阻绝进者使不得出，未进入者不得入。叔梁纥多力，抉举其悬门，使不坠及于地，使在内者得复出。

叔梁纥为孔子父。

第二章　孔子之生及其父母之卒

一、孔子之母

叔梁纥娶鲁之施氏，生九女，无子。有一妾，生男曰孟皮，病足，为废人。乃求婚于颜氏。颜氏姬姓，与孔氏家同在陬邑尼丘山麓，相距近，素相知。颜氏季女名徵在，许配叔梁纥，生孔子。

【疑辨一】

《史记》称叔梁纥与颜氏女祷于尼丘，野合而生孔子。此因古人谓圣人皆感天而生，犹商代先祖契，周代先祖后稷，皆有感天而生之神话。又如汉高祖母刘媪，尝息大泽之陂，梦与神遇，遂产高祖。所云"野合",亦犹如此。欲神其事,乃诬其父母以非礼,不足信。至谓叔梁老而徵在少,非婚配常礼,故曰"野合",则是曲解。又前人疑孔子出妻,实乃叔梁纥妻施氏因无子被出。孟皮乃妾出,颜氏女为续妻,孔子当正式为后。语详江永《乡党图考》。

二、孔子生平

孔子生于鲁襄公二十二年,亦有云生于鲁襄公二十一年者。其间有一年之差。两千年来学人各从一说,未有定论。今政府规定孔子生年为鲁襄公二十二年,并推定阳历九月二十八日为孔子之诞辰,今从之。

【疑辨二】

关于孔子生年之辨,详拙著《先秦诸子系年》卷一《孔子生年考》,亦定孔子生鲁襄公二十二年。

孔子生于鲁昌平乡陬邑,因叔梁纥为陬大夫,遂终居之也。

孔子名丘,字仲尼。因孔子父母祷于尼丘山而得生,故以为名。

三、孔子父母卒年

孔子生,其父叔梁纥即死,但不知其的岁。或云:孔子年三岁。

孔子母死，亦不知其年。或云：孔子二十四岁母卒。不可信。《史记·孔子世家》记孔子母卒在孔子十七岁前，当是。

《檀弓》云：

> 孔子少孤，不知其墓，殡于五父之衢。人之见之者，皆以为葬也。其慎也，盖殡也。问于邹曼父之母，然后得合葬于防。

孔子父叔梁纥葬于防，其时孔子年幼，纵或携之送葬，宜乎不知葬处。又古人不墓祭，岁时仅在家祭神主，不特赴墓地。又古人坟墓不封、不树，不堆土、不种树，无可辨认。孔氏乃士族，家微，更应如此。故孔子当仅知父墓在防，而不知其确切所在。及母卒，孔子欲依礼合葬其父母，乃先浅葬其母于鲁城外五父之衢。而葬事谨慎周到，见者认为是正式之葬，乃不知其是临时浅葬。故曰"盖殡也"，非葬也。邹曼父《史记》作"铍父"，铍是丧车执绋者，盖其人亲预孔子父之丧事，故知其葬地，其母以告孔子。此事距孔子母死又几何时则不详。时孔子尚在十七岁以前，而其临事之缜密已如此。

【疑辨三】

此事亦多疑辨，然主要在疑孔子不当不知其父葬处，此乃以后代社会情况推想古代。今不从。

第三章　孔子之早年期

一、孔子之幼年

《史记·孔子世家》：

> 孔子为儿嬉戏，常陈俎豆，设礼容。

孔子生士族家庭中，其家必有俎豆礼器。其母党亦士族，在其乡党亲戚中宜尚多士族。为士者必习礼。孔子儿时，耳濡目染，以礼为嬉，已是一士族家庭中好儿童。

二、孔子十五志学

孔子自曰:

吾十有五而志于学。(《为政》)

孔子幼年期之教育情况,其详不可知。当时士族家庭多学礼乐射御书数六艺,以为进身谋生之途,是即所谓儒业。《说文》:"儒,术士之称。"术士即犹言艺士也。儒乃当时社会一行业,一名色,已先孔子而有。即叔梁纥、孔防叔上不列于贵族,下不侪于平民,亦是一士,其所业亦即是儒。惟自孔子以后,而儒业始大变。孔子告子夏:"汝为君子儒,毋为小人儒。"(《雍也》)可见儒业已先有。惟孔子欲其弟子为道义儒,勿仅为职业儒,其告子夏者即此意。

孔子又曰:

三年学,不志于谷,不易得也。(《泰伯》)

可见其时所谓学,皆谋求进身贵族阶层,得一职业,获一分谷禄为生。若仅止于此,是即孔子所谓之"小人儒"。孔子之为学,乃从所习六艺中,探讨其意义所在,及其源流演变,与其是非得失之判,于是乃知所学中有道义。孔子之所谓"君子儒",乃在其职业上能守道义,以明道行道为主。不合道则宁弃职而去。此乃孔子所传之儒学。自此以后，儒成一学派，为百家讲学之开先，乃不复是一职业矣。孔子自谓"十有五而志于学"，殆已于此方面知所趋向，并不专指自己对儒者诸艺肯用功学习言。

《檀弓》：

> 孔子既祥五日，弹琴而不成声，十日而成笙歌。

父母之丧满一年为小祥，满两年为大祥，皆有祭。此当指母卒大祥之祭。时孔子尚在少年，然已礼乐斯须不去身。此见孔子十五志学后精神。

三、孔子初仕

士族习儒业为出仕，此乃一家生活所赖。孔子早孤家贫，更不得不急谋出仕。

《孟子》：

> 孔子尝为委吏矣，曰：会计当而已矣。尝为乘田矣，曰：牛羊茁壮长而已矣。（《万章》下）

委吏乃主管仓库委积之事，乘田乃主管牛羊放牧蕃息之事。当时贵族家庭即任用儒士来任此等职务。

孔子自曰：

吾少也贱，故多能鄙事。（《子罕》）

为委吏必料量升斗，会计出纳。为乘田必晨夕饲养，出放返系。此等皆鄙事。孔子以早年地位卑贱，故多习此等事。

《家语》：

> 孔子年十九，娶于宋开官氏，一岁而生伯鱼。伯鱼之生也，鲁昭公以鲤赐孔子。荣君之贶，故名曰鲤而字伯鱼。

开官氏亦在鲁，见鲁相韩勅造《孔庙礼器碑》。云宋开官氏，则亦如孔氏，其家乃自宋徙鲁。古者国君诸侯赐及其下，事有多端。或逢鲁君以捕鱼为娱，孔子以一士参预其役，例可得赐，而适逢孔鲤之生。不必谓孔子在二十岁前已出仕，故能获国君之赐。以情事推之，孔子始仕尚在后。

《左传》昭公十七年秋，郯子来朝，昭公问少皞氏官名云云，仲尼闻之，见于郯子而学之。是岁孔子年二十七。其时必已出仕，故能见异国之君。故知孔子出仕当在此前。

> 子入太庙，每事问。或曰："孰谓鄹人之子知礼乎？入太庙，每事问。"子闻之，曰："是礼也？"（《八佾》）

此事不知在何年？然亦必已出仕，故得入太庙充助祭之役。见称曰

"鄹人之子"者，其时尚年少，当必在三十前。然其时孔子已以知礼知名，故或人讥之。"是礼也"，应为反问辞。孔子听或人之言，反问说："即此便是礼吗？"盖其时鲁太庙中多种种不合礼之礼。如三家之以《雍》彻，孔子曰："《雍》之歌，何取于三家之堂？"（《八佾》）此乃明斥其非礼。但在孔子初入太庙时，年尚少，位尚卑，明知太庙中种种非礼，不便明斥，遂只装像不知一般，问此陈何器？此歌何诗？其意欲人因此反省，知此器不宜在此陈列，此诗不宜在此歌颂。特其辞若缓，而其意则峻。若仅是知得许多器物歌诗，习得许多礼乐仪式，徒以供当时贵族奢僭失礼之役使，此乃孔子所谓仅志于谷之小人儒。必当明得礼意，求能矫正当时贵族之种种奢僭非礼者，乃始得为君子儒。孔子十五志学，至其始出仕，已能有此情意，达此境界，此远与当时一般人所想象之所谓"知礼"不同，则宜乎招来或人之讥矣。

孔子又自曰：

十有五而志于学，三十而立。（《为政》）

知孔子之学，非追随时代之风气，志在求业而学。若是追随时代，志在求业，此非可谓之"志于学"。孔子之志于学，乃是一种超越时代，会通古今之学。孔子在十五之幼年，而已于此有所窥见而有志寻求，可谓卓乎不伦矣。"三十而立"者，孔子至于三十，乃确乎卓然有立，独立不倚，强立不反，自知其所学之有成，而不随众为俯仰。此一进程，正可于"子入太庙"之一节记载中觇其梗概。

第四章　孔子之中年期

一、孔子授徒设教

孔子少年出仕，可考者仅知其曾为委吏与乘田，其历时殆不久。孔子年过三十，殆即退出仕途，在家授徒设教。至是孔子乃成为一教育家。其学既非当时一般士人之所谓学，其教亦非当时一般士人之所为教，于是孔子遂成为中国历史上特立新创的第一个以教导为人大道为职业的教育家。后世尊之曰"至圣先师"。

孔子自曰：

> 自行束脩以上，吾未尝无诲焉。(《述而》)

当时人从师求学礼乐射御书数诸艺，以求仕进、获谷禄者已多。从师必有贽见礼，求学亦必有学费。束脩乃一束干肉，乃童子见师之礼，为礼中之最薄者。自此以上，弟子求学各视其家之有无，对师致送敬仪，如近代之有学费，厚薄不等，而为师者即可藉此为生。故孔子自开始授徒设教后，即不复出仕。而在其日常生活中，比较有更多之自由。论其职业性，又比较有独立之地位。

《左传》昭公二十年：

> 卫齐豹杀孟絷，宗鲁死之，琴张将往吊。仲尼曰："齐豹
> 之盗而孟絷之贼，女何吊焉？"

是年，孔子年三十一。琴张乃孔子弟子，殆在当时已从游。知孔子三十岁后即授徒设教。

《左传》昭公七年：

> 公至自楚，孟僖子病不能相礼，乃讲学之，苟能礼者从
> 之。及其将死也，召其大夫曰："礼，人之干也。无礼无以立。
> 吾闻将有达者曰孔丘，圣人之后也。我若获没，必属说与何忌
> 于夫子，使事之而学礼焉，以定其位。"故孟懿子与南宫敬叔
> 师事仲尼。

此时贵族阶级既多奢僭违礼，同时又多不悦学，不知礼。孟僖子相

鲁君过郑至楚，在种种礼节上多不能应付，归而深自悔憾。其卒在昭公二十四年。时孔子年三十五，授徒设教已有声誉，故孟僖子亦闻而知之。临死，乃遗命其二子往从学礼。说为南宫敬叔，何忌为孟懿子，两人同生于昭公十二年，或是一母双生。其父之卒，两人皆年仅十三，未必即前往孔子所从学。至二人在何年往从孔子，今已不可考。其时孔子所讲之礼，多主裁抑当时贵族之奢僭非礼，然当时贵族乃并不以孔子为忤，并群致敬意。至如孟僖子之命子从学，则尤为少见。此层亦为论孔子时代者所当注意。

二、孔子适齐

《左传》昭公二十五年：

> 将禘于襄公，万者二人，其众万于季氏。

"禘"是大祭，"万"是舞名。业此舞者，是日，皆往季氏之私庙，而公家庙中舞者仅得两人。其时季孙氏骄纵无礼，心目中已更无君上，而昭公亦不能复忍。君臣起衅，昭公遂奔齐。

孔子谓季氏：

> 八佾舞于庭，是可忍也，孰不可忍也？（《八佾》）

"佾"是舞列。八佾者，以八人为一佾，八八六十四人。此章所斥，或即鲁昭公二十五年事。"孰不可忍"者，谓逐君弑君在季氏皆可忍为之也。或说：季氏如此无君，犹可忍而不治，则将为何等事，乃始不可忍而治之乎？是孔子已推知季氏有逆谋，鲁国将乱；其发为此言，固不仅为季氏之僭越而已。较之"子入太庙"一章所载语气意态大不相同，见道愈明，出辞愈厉。此亦可见孔子"三十而立"后之气象。

《史记·孔子世家》：

> 季平子得罪鲁昭公，昭公率师击平子，平子与孟氏、叔孙氏三家共攻昭公。昭公师败，奔于齐。齐处昭公乾侯。其后顷之，鲁乱，孔子适齐。

是年，孔子年三十五。其适齐，据《史记》，乃昭公被逐后避乱而去。或说在昭公被逐前见几先作。今不可定。

> 子在齐闻《韶》，三月不知肉味。曰："不图为乐之至于斯也。"（《述而》）

《史记·孔子世家》：

> 与齐太师语乐，闻《韶》音，学之，三月不知肉味。

《韶》相传是舜乐。一说舜后有遂国，为齐所灭，故齐得有《韶》。

或说陈敬仲奔齐，陈亦舜后，敬仲携《韶》乐而往，故齐有之。《史记》"三月"上有"学之"二字，盖谓孔子闻《韶》乐而学之，凡三月。在孔子三月学《韶》之期，心一于是，更不他及，遂并肉味而不知。孔子爱好音乐心情之深挚与其向学之沉潜有如此。若谓孔子一闻《韶》音，乃至三月不知肉味，则若其心有滞，亦不见孔子遇事好学之殷。故知《论语》此章文简，必加《史记》释之为允。

孔子自曰：

> 志于道，据于德，依于仁，游于艺。（《述而》）

"艺"即礼乐射御书数。当时之学，即在此诸艺。惟孔子由艺见道，道德心情与艺术心情兼荣并茂，两者合一，遂与当时一般儒士之为学大不同。孔子曾问官于郯子，学琴于师襄。其学琴师襄之年不可考，但孔子于音乐有深嗜，有素养，故能在齐闻《韶》而移情学之如是。子贡曰："夫子焉不学，而亦何常师之有。"（《子张》）其学《韶》三月，亦必有师。其与齐太师语乐，齐太师或即其学《韶》之师耶？

> 齐景公问政于孔子，孔子对曰："君君、臣臣、父父、子子。"公曰："善哉！信如君不君、臣不臣、父不父、子不子，虽有粟，吾得而食诸？"（《颜渊》）

孔子乃鲁国一士，流寓来齐，而齐景公特予延见，并问以为政之道。此见当时孔子已名闻诸侯，而当时贵族阶层虽已陷崩溃之前期，然犹多能礼贤下士，虚怀问道；亦见当时吾先民历史文化积累之深厚。时齐景公失政，大夫陈氏厚施于国，景公又多内嬖，不立太子，故孔子告以为君当尽君道，为臣当尽臣道，为父当尽父道，为子当尽子道。语气若平和，但为君父者不尽君父之道，如何使臣子尽臣子之道？孔子之言，乃告景公当先尽己道也。景公悦孔子言而不能用。其后果以继嗣不定，启陈氏弑君篡国之祸。

> 子禽问于子贡曰：“夫子至于是邦也，必闻其政。求之与，抑与之与？”子贡曰：“夫子温良恭俭让以得之。夫子之求之也，其诸异乎人之求之与！”（《学而》）

“温良恭俭让”五字，描绘出孔子盛德之气象，光辉照人，易得敬信，时君自愿以政情就而问之。但若真欲用孔子，则同时相背之恶势力必群起沮之。故孔子之道亦遂终身不行。其情势已于在齐之期见其端。

> 齐景公待孔子，曰：“若季氏，则吾不能，以季、孟之间待之。”曰：“吾老矣，不能用也。”孔子行。（《微子》）

此章齐景公两语，先后异时。先见孔子而悦之，私下告人，欲以季、孟之间待孔子。是欲以卿礼相待也。后志不决，意转衰怠，乃曰："吾老矣，不能用。"时景公年在五十外，自称老，其无奋发上进之气可知。故孔子闻之而行。

《孟子》：

> 孔子之去齐，接淅而行，去他国之道也。（《尽心》下）

【疑辨四】

孔子适齐，事迹可考信者惟此。尚有孔子适齐为高昭子家臣，又景公将以尼谿田封孔子，晏婴沮之诸说，前人竞致疑辨。其他不可信之说尚多，今俱不列。

三、孔子反鲁

《檀弓》：

> 延陵季子适齐，于其反也，其长子死，葬于嬴、博之间。孔子曰："延陵季子，吴之习于礼者也。"往而观其葬焉。

吴季札适齐在鲁昭公二十七年，事见《左传》。嬴、博间近鲁境，孔子盖自鲁往观。孔子以昭公二十五年适齐，二十七年又在鲁，盖在齐止一年。或说孔子留齐七年，或说孔子曾三至齐，皆不可信。吴季札当时贤人，孔子往观其葬子之礼，亦所谓"无不学而何常师"之一例。

> 或谓孔子曰:"子奚不为政?"子曰:"《书》云:'孝乎惟
> 孝,友于兄弟。'施于有政,是亦为政。奚其为为政?"(《为
> 政》)

孔子以六艺教,此本当时进仕之阶。孔子既施教有名,故时人皆期孔子出仕。但在孔子之意,出仕为政,乃所以行道。其他一切人事亦皆所以行道。家事亦犹国事,果使出仕为政而不获行道,则转不如居家孝友犹得行道之为愈。其答或人之问,见其言缓意峻。此章或在适齐前,或在自齐返鲁后,不可定。

孔子自言,十有五而志于学,即是有志学此道。三十而立,即能立身此道。又言四十而不惑,即是于此道不复有所惑。世事之是非得失,吾身之出处进退,声名愈闻,则交涉愈广,情况愈复杂,而关系亦愈大;在孔子则是见道愈明,而守道愈笃,故不汲汲于求出仕也。

孔子又曰:

> 加我数年,五十以学,亦可以无大过矣。(《述而》)

此章当在孔子年近五十时。皇侃曰:"当孔子尔时,年已四十五六。"此无确据,但亦近似。孔子教学相长,其设教之期即其进学之期。孔子亦自知誉望日高,鲁乱日迫,形势所趋,终不能长日闭

门不一出仕。乃自望于五十前犹能于学养上更有进，他日出任大事，庶可无过。此指出仕行道言，非谓四十不惑以后，居家设教，犹不免有大过也。

【疑辨五】

此章"亦"字或作"易"，遂有孔子五十学《易》之说。此事前人疑辨亦多，语详拙著《先秦诸子系年·孔门传经辨》。

《史记·孔子世家》：

> 孔子不仕，退而修《诗》《书》《礼》《乐》，弟子弥众，至自远方，莫不受业焉。

孔子自齐返鲁，下至其出仕，尚历十三四年。若以三十后始授徒设教计之，前后共近二十年。此为孔子第一期之教育生涯。其前期弟子中著名者，有颜无繇、仲由、曾点、冉伯牛、闵损、冉求、仲弓、宰我、颜回、高柴、公西赤诸人。

> 子路、曾皙、冉有、公西华侍坐。子曰："以吾一日长乎尔，毋吾以也。居则曰：不吾知也。如或知尔，则何以哉？"子路率尔而对曰："千乘之国，摄乎大国之间，加之以师旅，因之以饥馑，由也为之，比及三年，可使有勇，且知方也。"夫子哂之。"求尔何如？"对曰："方六七十，如五六十，求也

为之，比及三年，可使足民。如其礼乐，以俟君子。""赤尔何如？"对曰："非曰能之，愿学焉。宗庙之事，如会同，端章甫，愿为小相焉。""点尔何如？"鼓瑟希，铿尔，舍瑟而作。对曰："异乎三子者之撰。"子曰："何伤乎！亦各言其志也。"曰："莫春者，春服既成，冠者五六人，童子六七人，浴乎沂，风乎舞雩，咏而归。"夫子喟然叹曰："吾与点也。"三子者出，曾晳后。曾晳曰："夫三子者之言何如？"子曰："亦各言其志也已矣。"曰："夫子何哂由也？"曰："为国以礼，其言不让，是故哂之。""唯求则非邦也与？""安见方六七十，如五六十，而非邦也者？""唯赤则非邦也与？""宗庙会同，非诸侯而何？赤也为之小，孰能为之大？"（《先进》）

此章可见当时孔门师弟子讲学欢情之一斑。子路少孔子九岁。曾晳，曾参父，或较子路略年幼，故记者序其名次后于子路。冉有少孔子二十九岁。公西华最年轻，少孔子三十二岁。此章问答应在孔子五十出仕前。孔门讲学本在用世，故有"如或知尔"之问。子路长治军，冉有长理财，公西华长外交礼节，三人所学各有专长，可备世用。孔子闻三子之言，其乐可知。然孔子则寄慨于道大而莫能用，深惜三子者之一意于进取，而或不遇见用之时，乃特赏于曾晳之放情事外，能从容自得乐趣于日常之间也。

子曰："饭疏食、饮水，曲肱而枕之，乐亦在其中矣。不义而富且贵，于我如浮云。"（《述而》）

此章可见孔子当时生事甚困，然终不改其乐道之心。如曾点寄心事外，乃必有待于暮春之与春服，冠者之与童子，浴沂之与风雩，须遇可乐之境与可乐之事以为乐。而孔子则乐无不在，较之曾点为远矣。自后惟颜渊为庶几。可见孔子当时"与点"一叹，乃为别有心情，别有感慨，特为子路、冉有、公西华言之，使之宽其胸怀，勿汲汲必以用世为务也。

　　子曰："道不行，乘桴浮于海，从我者其由与！"子路闻之喜。子曰："由也，好勇过我，无所取材。"（《公冶长》）

道在我，虽饭疏饮水亦可乐。道不行，其事可伤可叹，亦非浴沂风雩之可解。当时凡来学于孔子之门者，皆有意于用世，然未必皆有志于行道。孔子"与点"之叹，为诸弟子之汲汲有意用世而叹也。此章"乘桴"之叹，则为道不行而叹。道不行于斯世，乃欲乘桴浮海，此所以为孔子；若曾点则迹近庄老矣。然乘桴浮海亦待取竹木之材以为桴，而此等材料亦复无所取之，此可想孔子所叹之深矣。子路虽汲汲用世，然孔子若决心浮海，子路必勇于相从。当时孔子师弟子之心胸意气，亦可于此参之。

　　子欲居九夷。或曰："陋，如之何？"子曰："君子居之，何陋之有？"（《子罕》）

居夷之想，亦犹浮海之想也。皆为道不行，而寄一时之深慨。此皆孔子抱道自信之深，伤时之殷，忧世之切而有此，非漫尔兴叹也。

> 颜渊、季路侍。子曰："盍各言尔志！"子路曰："愿车马衣轻裘，与朋友共，敝之而无憾。"颜渊曰："愿无伐善，无施劳。"子路曰："愿闻子之志。"子曰："老者安之，朋友信之，少者怀之。"（《公冶长》）

颜渊，颜无繇之子，少孔子三十岁，亦少子路二十一岁。在孔子前期教育中及门较晚。孔子于前期弟子中，若惟子路、颜渊最所喜爱。某日者，遇其同侍，因使各言尔志。后来《论语》记者以他日颜渊成就尤胜子路，故本章序颜渊于子路之上。就当时论，颜渊尚不满二十岁，而子路则其父执也。子路率尔先对，愿能以财物与朋友相共，而无私己之意。颜渊则能自财物进至于德业。己有善，不自夸伐。有劳于人，不自感由我施之。尽其在我，而泯于人我之迹。此与子路实为同一心胸、同一志愿，而所学则见其弥进矣。至孔子，则不仅愿其在己心中只此人我一体之仁，即在与己相处之他人，亦愿其同在此仁道中，同达于化境，不复感于彼与我之有隔。在我则老者养之以安，而老者亦安我之养。朋友交之以信，而朋友亦信我之交。幼者怀之以恩，而幼者亦怀我之恩。其实孔子此种心胸志愿，亦仍与子路、颜渊相同，只见其所学之益进而已。若使孔子此志此道能获在政治上施展，则诚有如子贡所言："夫子之得邦家，立之斯立，道之斯行，绥之斯来，动之斯和。"（《子张》）孔子抱斯道于己，岂有不期其大行于世。上引诸章，殆皆在孔子五十出仕前，其生活之清淡及其师弟子间讲学心情之真挚而活泼，事隔逾两千年，皆可跃然如见。

第五章 孔子五十岁后仕鲁之期

一、孔子出仕之前缘

《史记·孔子世家》：

> 桓子嬖臣仲梁怀，与阳虎有隙。阳虎执怀，囚桓子，与盟
> 而醳之。阳虎益轻季氏。

阳虎为季氏家臣，其囚季桓子事，详见《左传》定公五年。季氏为
鲁三家之首，执鲁政，而其家臣阳虎乃生心叛季氏。孔子素主裁抑
权臣，其于季氏有"是可忍孰不可忍"之叹。阳虎既欲叛季氏，乃

欲攀援孔子以自重。

> 阳货欲见孔子，孔子不见。归孔子豚。孔子时其亡也而往拜之，遇诸涂。谓孔子曰："来！予与尔言。"曰："怀其宝而迷其邦，可谓仁乎？"曰："不可。""好从事而亟失时，可谓知乎？"曰："不可。""日月逝矣，岁不我与。"孔子曰："诺！吾将仕矣。"（《阳货》）

《孟子》书亦记此事曰：

> 阳货欲见孔子，而恶无礼。大夫有赐于士，不得受于其家，则往拜其门。阳货瞰孔子之亡也而馈孔子蒸豚，孔子亦瞰其亡也而往拜之。（《滕文公》下）

此阳货即《左传》《史记》中之阳虎，盖虎是其名。其时鲁政已乱，阳货虽为家臣，而权位之尊拟于大夫。孔子虽不欲接受其攀援，然亦不欲自背于当时共行之礼，乃瞰阳货之亡而往答拜。涂中之语，辞缓意峻，一如平常，货亦无奈之何。此事究在何时，不可知。但应在定公五年后。

《史记·孔子世家》：

> 定公八年，公山不狃不得意于季氏，因阳虎为乱，欲废三桓之适，更立其庶孽阳虎素所善者。遂执季桓子。桓子诈之，

得脱。

此事详《左传》。公山不狃为季氏私邑费之宰。内结阳虎，将享桓子于蒲圃而杀之。桓子知其谋，以计得脱。其事发于阳虎，不狃在外，阴构其事，而实未露叛形。

> 公山弗扰以费畔，召。子欲往。子路不说，曰："末之也已！何必公山氏之之也！"子曰："夫召我者，而岂徒哉？如有用我者，吾其为东周乎！"（《阳货》）

弗扰即不狃。谓其以费畔，乃指其存心叛季氏。而孔子在当时讲学授徒，以主张反权臣闻于时，故不狃召之；亦犹阳虎之欲引孔子出仕，以张大反季氏之势力。孔子闻召欲往者，此特一时久郁之心，遇有可为，不能无动。因其时不狃反迹未著，而其不阿季氏之态度则已襮露，与人俱知。故孔子闻召，偶动其欲往之心。子路不悦者，其意若谓孔子大圣，何为下侪一家宰。但孔子心中殊不在此等上计较。故曰："如有用我者，吾其为东周乎！"（《阳货》）孔子自有一番理想与抱负，固不计用我者之为谁也。然而终于不往。其欲往，见孔子之仁。其终于不往，见孔子之知。

《史记·孔子世家》：

> 孔子循道弥久，温温无所试。莫能己用。

此数语乃道出了孔子当时心事。

> 孔子曰："天下有道，则礼乐征伐自天子出。天下无道，则礼乐征伐自诸侯出。自诸侯出，盖十世希不失矣。自大夫出，五世希不失矣。陪臣执国命，三世希不失矣。天下有道，则政不在大夫。天下有道，则庶人不议。"（《季氏》）
>
> 孔子曰："禄之去公室，五世矣。政逮于大夫，四世矣。故夫三桓之子孙，微矣。"（《季氏》）

此引上一章，不啻统言春秋二百四十年间之世变，下一章专言鲁公室与三家之升沉。孔子非于其间有私愤好，亦非谓西周盛时周公所定种种礼制，此下皆当一一恪遵不变。然而，此二百数十年来之往事，则已昭昭在目。有道者如此，无道者如彼，吉凶祸福，判若列眉。孔子特抱一番行道救世之心。苟遇可为，不忍不出。其曰："吾其为东周。"则孔子心中早有一番打算，早有一幅构图，固非为维持周公之旧礼制于不变不坏而已。然而孔子则终于不出。不得已而终已，则其心事诚有难与人以共晓者。故亦不与弟子如子路辈详言之也。

公山之召，其事应在定公之八年，时孔子已年五十。

孔子又曰：

> 吾五十而知天命。（《为政》）

人当以行道为职，此属天命。但天命人以行道，而道有不行之时，此亦是天命。阳货、公山弗扰皆欲攀孔子出仕，而孔子终不出。若有可为之机，而终坚拒不为。盖知此辈皆不足与谋，枉尺直寻，终不可直。孔子在五十前居家授徒，既已声名洋溢，而孔子终于坚贞自守，高蹈不仕。然此尚在孔子三十而立、四十而不惑之阶段。孔子五十以后，乃终于一出，其意态若由消极一转而为积极，实则并非如此。孔子三十以后之家居授徒，早已是一种积极态度。所以若前后出处有转变，此乃孔子由"不惑"转进到"知天命"，在己则学养日深，而在人则更不易知。

孔子又曰：

人不知而不愠，不亦君子乎。（《学而》）

如其欲赴公山弗扰之召而子路不悦，孔子实难以言辞披揭其内心之所蕴。吾道所在，既不能骤喻于吾朋，则亦惟有循循善诱教人不倦之一法，夫亦何愠之有？

【疑辨六】

亦有疑阳货、公山弗扰之事者。疑阳货不得为大夫，疑公山弗扰并不以此年叛。但阳货虽为季氏家臣，亦得侪于大夫之位，此即见季氏之擅鲁。公山弗扰在当时虽无叛迹，而已有叛情。皆不必疑。

二、孔子为中都宰至为司空、司寇

《史记·孔子世家》：

> 定公九年，阳虎奔于齐。其后，定公用孔子为中都宰。一年，由中都宰为司空，由司空为大司寇。

鲁国既经阳虎之乱，三家各有所憬悟。在此机缘中，孔子遂得出仕。在鲁君臣既有起用孔子之意，孔子亦遂翩然而出。其时孔子年五十一。在一年之间而升迁如此之速，则当时鲁君与季氏其欲重用孔子之心情亦可见矣。

【疑辨七】

孔子为中都宰，其事先见于《檀弓》，又见于《孔子家语》。今传《家语》乃王肃伪本，然司马迁所见当是《家语》之原本。既此三书同有此事，应无可疑。鲁国国卿，季氏为司徒，叔孙为司马，孟孙为司空。孔子自中都宰迁司空，亦见《孔子家语》。应为小司空，属下大夫之职。又迁司寇，《韩诗外传》载其命辞曰："宋公之子，弗甫何孙，鲁孔邱，命尔为司寇。"此是命卿之辞。孔子至是始为卿职。史迁特称为大司寇，明其非属小司寇。则其前称司空，乃属小司空可知。史迁以前各书，如《左传》《孟子》《檀弓》《荀子》《吕氏春秋》《韩诗外传》等，皆称孔子为司寇，是即大司寇也。疑及孔子仕鲁官职名位之差错者甚多，今以司空、司寇之大小分释之，则事亦无疑。至于《檀弓》《家语》载孔子为中都宰及司空时行事，或有可疑。但为时甚暂，无大关系可言，今俱不著。又《荀子》及他书又言孔子诛少正卯，其事不可信，详拙著《先秦诸子系年·孔子诛少正卯辨》。

三、孔子相夹谷

《左传》定公十年：

> 夏，公会齐侯于祝其，实夹谷，孔丘相。犁弥言于齐侯曰："孔丘知礼而无勇，若使莱人以兵劫鲁侯，必得志焉。"齐侯从之。孔丘以公退，曰："士兵之！两君合好，而裔夷之俘以兵乱之，非齐君所以命诸侯也。裔不谋夏，夷不乱华，俘不干盟，兵不逼好。于神为不祥，于德为愆义，于人为失礼。君必不然。"齐侯闻之，遽辟之。将盟，齐人加于载书，曰："齐师出竟，而不以甲车三百乘从我者，有如此盟。"孔子使兹无还揖对，曰："而不反我汶阳之田，吾以共命者，亦如之。"齐人来归郓、讙、龟阴之田。

此夹谷在山东泰安莱芜县。齐灵公灭莱，莱民播流在此。所谓"相"，乃为鲁君相礼，于一切盟会之仪作辅助也。春秋时，遇外交事，诸侯出境，相其君而行者非卿莫属。鲁自僖公而下，相君而出者皆属三家，皆卿职也。如鲁昭公如楚，孟僖子相，即其例。此次会齐于夹谷，乃由孔子相，此必孔子已为司寇之后。自鲁定公七年后，齐景公背晋争霸，郑、卫已服，而其时晋亦已衰，齐、鲁逼处。而此数年来两国积怨日深，殆是孔子力主和解，献谋与齐相会。三家者惧齐强，恐遭挫辱，不敢行，乃以孔子当其冲。齐君臣果武装莱人威胁鲁君，以求得志，幸孔子以大义正道之言辞折服之。乃齐人复于临盟前，在盟书上添加盟辞，责鲁以以小事大之礼，遇齐师有事出境，则鲁必以甲车三百乘从行。当此时，拒之则盟不成，若勉为屈从，则吃眼前亏太大。孔子又临机应变，即就两国眼前事，阳虎以鲁汶阳郓、灌、龟阴之田奔齐，谓齐若不回归此三地，则鲁亦无必当从命之义。汶阳田本属鲁，齐纳鲁叛臣而有之。今两国既言好，齐亦无必当据有此田之理由。孔子此时只就事言事，既不激昂，亦不萎弱，而先得眼前之利。即以此三地之田赋，亦足当甲车三百乘之供矣。

【疑辨八】

夹谷之会，其事又见于《穀梁传》，有"优施舞于鲁君幕下，孔子使斩之，首足异门而出"之语。恐其事不可信。又此次之会，似乃鲁欲和解于齐，乃《史记·孔子世家》有齐大夫犁钽言于景公曰："鲁用孔丘，其势危齐。"一若齐来乞盟于鲁。过欲为孔子渲染，疑亦非当时情实。郓、灌、龟阴之田皆在汶阳，本属季氏。前一年阳虎以之奔齐，至是鲁、齐既言好，齐欲与晋争霸，欲鲁舍晋事齐，故归此三地之田。既不为惧鲁之用孔子，亦不为齐君自悔其会于夹谷之不义无礼而谢过，《左传》记载甚明。过分渲染，欲为孔子夸张，反失情实，遂滋疑辨。但孔子之相定公会夹谷，其功绩表现亦已甚著。后人依据《左传》而疑《穀梁》与《史记》是也。若因《穀梁》与《史记》之记载失实而牵连并疑《左传》，遂谓《左传》所记亦并无其事，则更失之。今既无明确反证，即难否认《左传》所记夹谷一会之详情。

四、孔子堕三都

孔子为鲁司寇，其政治上之表现有两大事。其一为相定公与齐会夹谷，继之则为其"堕三都"之主张。相夹谷在定公十年，堕三都在定公十二年。

《公羊传》定公十二年：

> 孔子行乎季孙，三月不违。曰："家不藏甲，邑无百雉之城。"于是帅师堕郈，帅师堕费。

《左传》定公十二年：

> 仲由为季氏宰，将堕三都。于是叔孙氏堕郈。季氏将堕费，公山不狃、叔孙辄帅费人以袭鲁。鲁公与三子入于季氏之宫，登武子之台。费人攻之，弗克。入及公侧，仲尼命申句须、乐颀下伐之。费人北，国人追之，败诸姑蔑。二子奔齐。

遂堕费。将堕成，公敛处父谓孟孙："堕成，齐人必至于北门。且成，孟氏之保障也；无成，是无孟氏也。子为不知，我将不堕。"冬十二月，公围成，弗克。

其时季氏专鲁政。孔子出仕，由中都宰一年之中而骤迁至司寇卿职。虽曰出鲁公之任命，实则由季氏之主张。孔子相夹谷之会，而齐人来归汶阳之田，此田即季氏家宰叛季氏而挟以投齐者。由此季氏对孔子当益信重。而孔子弟子仲由乃得为季孙氏之家宰，则季氏之信任孔子，大可于此推见。《公羊传》云："三月不违。"三月已历一季之久，言孔子于季孙氏可以历一季之久而所言不相违。则凡孔子之言，季孙氏盖多能听从。故孟子曰："孔子于季孙氏，为见行可之仕。"言孔子得季孙氏信任，见为可以明志行道也。然孔子当时所欲进行之大政事，首先即为剥夺季孙氏以及孟孙、叔孙氏三家所获之非法政权，以重归之于鲁公室。此非孔子欲谋不利于三家，孔子特欲为三家久远之利而始有此主张。故孔子直告季孙，谓依古礼，私家不当藏兵甲。私家之封邑，其城亦不得逾百雉。孔子以此告季孙氏，正如与虎谋皮。然季孙氏亦自怀隐忧。前在昭公时，南蒯即曾以费叛。及阳虎之乱，费宰公山不狃实与同谋。今阳虎出奔已三年，而公山不狃仍为费宰，季氏亦无如之何。其城大，又险固，季氏可以据此背叛鲁君，然其家臣亦可据此背叛季氏。今季氏正受此患苦。故季氏纵不能深明孔子所陈之道义，然亦知孔子所言非为谋我，乃为我谋，故终依孔子言堕费。其实孔子亦不仅为季氏谋，乃为鲁国谋。亦不仅为鲁国谋，乃为中国、为全人类谋。

就孔子当时之政情，则惟有从此下手也。费宰公山不狃，即其前欲召孔子之人，至是乃正式抗命。前一年，侯犯即以郈叛适齐。孔子与子路之提议堕三都，殆亦由侯犯事而起。其时齐已归郈于鲁，故叔孙氏首堕郈，亦以其时郈无宰，故堕之易。叔孙辄乃叔孙氏之庶子，无宠。阳虎之乱，即谋以辄代其父州仇。既不得志，至是乃追随公山不狃同叛。其时叔孙一家亦复是臣叛于外，子叛于内，各竞其私，离散争夺，与季孙氏家同有不可终日之势。依孔子、子路之献议，庶可振奋人心，重趋团结。惟孟孙氏一家较不然。孟懿子与南宫敬叔受父遗命，往学礼于孔子，然懿子袭父位，主一家之政，其亲受教诲之日宜不多。殆是见道未明，信道未笃。虽不欲违孔子堕都之议，然前阳虎之乱，图杀孟懿子，而阳虎欲自代之，幸成宰公敛处父警觉有谋，懿子得免，阳虎亦终败。故懿子极信重处父。处父所言亦若有理。自当时形势言之，春秋之晚世，已不如春秋之初年，列国疆土日辟，国与国间壤地相接，已不能只以一城建国。堕都即不啻自毁国防，故曰："堕成，齐人必至于北门。"抑且三家自鲁桓公以来，历世绵长。当懿子时，孟氏一家兄弟和睦，主臣一气，不如季、叔两家之散乱，则何为必效两家自堕其都。懿子既不欲公开违命，亦两可于处父之言，乃一任处父自守其都。处父固能臣，而季、叔两家见成之固守，亦抱兔死狐悲之心，乃作首鼠两端之计，不复出全力攻之，于是围成弗克。堕三都之议至是受了大顿挫。

季氏使闵子骞为费宰。闵子骞曰："善为我辞焉。如有复

我者，则吾必在汶上矣。"（《雍也》）

时费宰公山不狃已奔齐，季氏惩于其家臣之凶恶，乃择孔子弟子中知名者为之。闵子骞少孔子十五岁，已届强仕之年，在孔门居德行之科。季氏物色及之，可谓允得其选。然闵子坚决辞谢。今不知此事约在何时，当已在围成弗克之后。鲁国政情又趋复杂，闵子或早知孔子有去位之意，故不愿一出也。《论语》记孔子与人语及其门弟子，或对其门弟子之问答，皆斥其名。虽颜、冉高弟亦曰回曰雍。独闵子云子骞，终《论语》一书不见损名，其贤由此可知。惜其详不传。

> 子路使子羔为费宰。子曰："贼夫人之子。"子路曰："有民人焉，有社稷焉，何必读书，然后为学？"子曰："是故恶夫佞者。"（《先进》）

此事不知在季氏欲使闵子为费宰之前后，然总是略相同时事，相距必不远。当时季氏选任一费宰，必招之孔子之门，其尊信孔子可知。子羔少孔子三十岁，与颜子同年。定公十二年，子羔年仅二十四。孔子欲其继续为学，不欲其早年出仕，说如此将要害了他。子路虽随口强辩，然亦终不果使。孔子当时虽为鲁司寇，献身政治，然群弟子相随，依然继续其二十年来所造成的一个学术团体精神，据此亦可想见。

子华使于齐，冉子为其母请粟。子曰："与之釜。"请益，曰："与之庾。"冉子与之粟五秉。子曰："赤之适齐也，乘肥马，衣轻裘。吾闻之也，君子周急不继富。"原思为之宰，与之粟九百，辞。子曰："毋！以与尔邻里乡党乎！"（《雍也》）

此两事并不同在一时，乃由弟子合记为一章。孔子为鲁司寇，其弟子相随出仕者，自子路外，又见此三人。子华，公西赤字，少孔子三十二岁。若以鲁定公十一年计，是年应二十一。冉求少孔子二十九岁，是年应二十四。皆甚年少。子华长于外交礼仪，适以有事，孔子试使之于齐。冉有长理财，孔子使之掌经济出纳。子华之使齐乃暂职。冉有掌经济，乃近在孔子耳目之前。故二人虽年少，孔子因材试用，以资历练。子路不悟孔子之意，乃欲使子羔为费宰。此当独当一面，故孔子说要害了他。原思少孔子二十六岁，较冉有、子华年长，然亦不到三十岁。孔子使为家宰。是孔子为鲁司寇已引用了门下许多弟子。子路最年长，荐为季氏宰。原思、冉有、公西赤诸人则皆在身边录用。而如闵子骞、冉伯牛、仲弓、颜渊，皆孔门杰出人物，孔子并不汲汲使用。闵子骞拒为费宰，孔子亦默许之。孔子盖欲留此辈作将来之大用。是孔子一面从事政治，一面仍用心留意在教育上。政治责任可以随时离去，教育事业则终身以之。至于俸禄一节，孔子或与多，或与少，皆有斟酌。其弟子或代友请益，或自我请辞，亦皆不苟。师弟子之间既严且和，行政一如讲学，讲学亦犹行政，亦所谓"吾道一以贯之"矣。

宪问耻。子曰："邦有道，谷。邦无道，谷，耻也。"（《宪问》）

宪即原思，以贫见称，亦能高洁自守。孔子使为宰，与禄厚，原宪辞，若以为耻。故孔子告之，邦有道，固当出身任事，食禄非可耻。若邦无道，不能退身引避，仍然任事食禄，始可耻。此见孔门师弟子无一事不是讲学论道，而孔子之因人施教亦由此可见。

定公问："君使臣，臣事君，如之何？"孔子对曰："君使臣以礼，臣事君以忠。"（《八佾》）

定公之问，必在孔子为司寇时。是时三家擅权，政不在公室。君使臣以礼，则对臣当加制裁，始可使臣知有敬畏。臣事君以忠，则当对君有奉献，自削其私权益。孔子辞若和缓，但鲁之君臣俱受责备。孔子之主张堕三都，其措施亦即本此章之意。

定公问："一言而可以兴邦，有诸？"孔子对曰："言不可以若是其几也。人之言曰：为君难，为臣不易。如知为君之难也，不几乎一言而兴邦乎？"曰："一言而丧邦，有诸？"孔子对曰："言不可以若是其几也。人之言曰：予无乐乎为君，唯其言而莫予违也。如其善而莫之违也，不亦善乎？如不善而莫之违也，不几乎一言而丧邦乎？"（《子路》）

定公只漫引人言为问，故孔子亦引人言为答。观定公两问，知其非有精志可成大业之君。当时用孔子者亦为季氏，非定公。而孔子预闻鲁政，乃欲抑私奉公，即不啻欲抑季氏奉定公，则其难亦可知。

第六章　孔子去鲁周游

一、孔子去鲁

　　公伯寮愬子路于季孙，子服景伯以告，曰："夫子固有惑志于公伯寮，吾力犹能肆诸市朝。"子曰："道之将行也与，命也。道之将废也与，命也。公伯寮其如命何?"（《宪问》）

公伯寮鲁人，亦孔子弟子，后人谓其是孔门之蟊螣。子路以堕三都进言于季孙，及孟氏守成弗堕，季、叔两家渐萌内悔之意，公伯寮遂乘机谮子路，季孙惑其言，则至是而季氏于孔子始生疑怠之心矣。子服景伯乃孟孙之族，出于公愤，欲言于季孙以置公伯寮于罪，而孔子止之。盖堕三都之主张不能贯彻施行，自定公、季孙以下皆有责，此乃一时之群业，时运使然。孔子则谓之为"命"。孔子五十而知天命，非不知鲁国当时情势之不可为，而终于挺身出仕，又尽力而为，是亦由于"知天命"。盖天命之在当时，有其不可为；而天命之在吾躬，则有其必当为。外之当知天命之在斯世，内之当知天命之在吾躬。至于公伯寮之进谗，此仅小小末节，固非孔子所欲计较也。

> 齐人归女乐，季桓子受之，三日不朝。孔子行。（《微子》）

《孟子》曰：

> 孔子为鲁司寇，不用。从而祭，燔肉不至。不税冕而行。不知者以为为肉也，其知者以为为无礼也。乃孔子则欲以微罪行，不欲为苟去。君子之所为，小人固不识也。（《告子》下）

《史记·孔子世家》：

> 齐人闻而惧，曰："孔子为政必霸，霸则吾地近焉，我之为先并矣。"犁鉏曰："请先尝沮之。"于是选齐国中女子好者八十人，皆衣文衣而舞康乐，文马三十驷，遗鲁君，陈女乐文马于鲁城南高门外。季桓子微服往观再三。将受。乃语鲁君为

周道游。往观终日，怠于政事。子路曰："夫子可以行矣。"孔子曰："鲁今且郊，如致膰乎大夫，则吾犹可以止。"桓子卒受齐女乐，三日不听政，郊又不致膰俎于大夫。孔子遂行。

孔子主堕三都，不啻在鲁国政坛上掷下一大炸弹，其爆炸声远震四邻。鲁、齐接壤，并在边界上时起龃龉。鲁国政治有大改革，齐国自感不安。馈女乐，固是一项政治阴谋。然季桓子对孔子之不信任，其主要关键还是在孟氏之守成弗堕，又经公伯寮之谗谮，季氏不免心生摇惑。受齐女乐，三日不朝，只是其内心冲突与夫政治姿态转变之表现。此是借因，非主因。齐归女乐在鲁定公十二年之冬，正与鲁围成事先后同时。若季桓子决心不变，则堕成一事尚可继续努力。正因季桓子自己变心，故再不理会围成事，而姑借女乐之来作逃避姿态。孔子犹不欲急去，且待春祭，由于不送大夫祭肉，乃始行。此应在定公十三年。孔子自定公九年出仕，至是已四年。其为大司寇已三年。

【疑辨九】

《史记·孔子世家》又曰："孔子行，宿乎屯。师己送曰：'夫子则非罪。'孔子曰：'吾歌可夫。'歌曰：'彼妇之口，可以出走，彼妇之谒，可以死败。盖优哉游哉，维以卒岁。'师己反，桓子曰：'孔子亦何言？'师己以实告。桓子喟然叹曰：'夫子罪我，以群婢故也夫。'"《史记》此节又见《家语》。孔子之歌，与《论语》"公伯寮其如命何"之语大不相似。岂公伯寮不如群婢，天之大命，由群婢所掌握乎？孔子去鲁在外十四年，亦岂"优哉游哉，维以卒岁"之谓乎？尤其于孔子堕三都之主张不得贯彻一大关键反忽略了，使人转移目光到齐人所归女乐上，大失历史真情，不可不辨。孟子曰："孔子为鲁司寇，不用。"不特指女乐事，始为得之。

二、孔子适卫

> 子适卫，冉有仆。子曰："庶矣哉！"冉有曰："既庶矣，又何加焉？"曰："富之。"曰："既富矣，又何加焉？"曰："教之。"（《子路》）

鲁、卫接壤，又卫多君子，故孔子去鲁即适卫，此章正为初入卫时之辞。

> 子击磬于卫。有荷蒉而过孔氏之门者，曰："有心哉，击磬乎！"既而曰："鄙哉，硁硁乎。莫己知也，斯己而已矣。深则厉，浅则揭。"子曰："果哉！末之难矣。"（《宪问》）

孔子初至卫，当是赁廛而居。闲日击磬，有一担草器的隐者过其门外，听磬声而知孔子之心事。言人莫己知，斯独善其己即可。孔子叹其果于忘世。是孔子初在卫，虽未汲汲求出仕，然亦未尝忘世可知。又孔子学琴于师襄，师襄又称"击磬襄"。孔子击磬，其亦学之于襄乎？孔子在齐闻《韶》，三月不知肉味。在卫赁居初定，即击磬自遣。此皆在流亡羁旅之中而怡情音乐一如平常，此见孔子之道德人生与艺术人生之融凝。及其老，乃曰："七十而从心所欲不逾矩。"（《为政》）此即其道德人生与艺术人生融凝合一所到达之最高境界也。

> 子贡曰："有美玉于斯，韫椟而藏诸？求善贾而沽诸？"子曰："沽之哉，沽之哉，我待贾者也。"（《子罕》）

子贡少孔子三十一岁，尚少颜渊一岁。孔子去鲁适卫，子贡年二十四。子贡乃卫人，殆是孔子适卫后始从游。见孔子若无意于仕进，故有斯问。可证孔子初至卫，未尝即获见于卫灵公。孔子抱道如怀玉，非不欲沽，只待善贾。善贾犹言良贾，能识玉。时人谁能识孔子？孔子亦仅待有意市玉者而已。

三、孔子过匡过蒲

> 仪封人请见，曰："君子之至于斯也，吾未尝不得见也。"从者见之。出曰："二三子，何患于丧乎？天下之无道也久矣。天将以夫子为木铎。"（《八佾》）

仪，卫邑名，在卫西南境。又卫有夷仪，在卫西北境。"丧"者，失位去国之义，应指孔子失鲁司寇去国适卫事。然自鲁适卫，应自卫东境入，无缘过卫西南或西北之邑。孔子居卫十月而过蒲过匡，匡、蒲皆在晋、卫边境，与夷仪为近。或孔子此行曾路过夷仪，仪封人即夷仪之封人也。其时既失位于鲁，又不安于卫，仆仆道途，故仪封人谓：天将以夫子为木铎，使之周流四方，以行其教，如木铎之徇于路而警众也。是亦孔子适卫未遽仕之一证。惟其事在过匡过蒲之前或后，则不可详考。又若认此仪邑在卫西南，则当俟孔子去卫过宋时始过此。是亦时当失位，语气并无不合。今亦不能详定，姑附于此。

> 子畏于匡。曰："文王既没，文不在兹乎！天之将丧斯文也，后死者不得与于斯文也。天之未丧斯文也，匡人其如予何？"（《子罕》）
>
> 子畏于匡，颜渊后。子曰："吾以女为死矣。"曰："子在，回何敢死？"（《先进》）

《史记·孔子世家》：

> 孔子适卫，居十月，去卫过匡。阳虎尝暴匡人，孔子状类阳虎，拘焉五日。

春秋时，地名匡者非一。卫之匡在陈留长垣县西南。长垣县有匡城、蒲乡，两地近在一处。《左传》定公十四年春，卫侯逐公叔戌与其党。孔子以十三年春去鲁适卫，居十月，正值其时。

《史记·孔子世家》又云：

> 孔子去匡，即过蒲。月余反乎卫。

又曰：

> 孔子去陈过蒲，会公叔氏以蒲叛，蒲人止孔子。弟子有公良孺者，以私车五乘从，斗甚疾。蒲人惧，出孔子东门。孔子遂适卫。

核其时地，过匡过蒲，乃鲁定公十四年春同时之事。"畏"乃私斗之称。《论语》之畏于匡，即是《史记》之斗于蒲，只是一事两传。若谓孔子貌似阳虎，则一语解释即得，何致拘之五日。若果匡人误以孔子为阳虎，孔子不加解释，而遽有"天丧斯文"之叹，情事语气似乎不类。且颜渊随孔子同行，拘则俱拘，免则俱免，何以又有独自一人落后之事？盖孔子畏于匡，即是过蒲。适遭公叔戍之叛，欲止孔子，孔子与其门弟子经与蒲人斗而得离去。颜渊则在斗乱中失群在后也。后人因有阳虎侵暴于匡之事，遂讹传孔子以状类阳虎被拘，史迁不能辨而两从之。

【疑辨十】

后人复有疑匡围乃与孔子往宋遭司马魋之难为同一事，无据臆测，今不从。

> 佛肸召，子欲往。子路曰："昔者由也闻诸夫子曰：'亲于其身为不善者，君子不入也。'佛肸以中牟畔，子之往也，如之何?"子曰："然，有是言也。不曰坚乎，磨而不磷。不曰白乎，涅而不缁。吾岂匏瓜也哉？焉能系而不食!"（《阳货》）

《左传》定公十三年：

> 秋七月，范氏、中行氏伐赵氏之宫。冬十一月，荀寅、士吉射奔朝歌。

是年，赵氏与范氏、中行氏启争端，至其年冬，而范、中行氏出奔。中牟乃范氏邑，其邑宰佛肸助范、中行氏拒赵氏。所谓"以中牟叛"，或是定公十四年春，范氏已出奔，佛肸欲依赖齐、鲁、卫诸国以自全，其迹若为叛，其心犹近义。其时孔子适去卫，在匡、蒲途中。中牟在彰德汤阴县西，在晋、卫边境，与匡、蒲为近，故佛肸来召孔子。孔子之欲往，正与往年欲赴公山不狃之召同一心情。孔子非欲助佛肸，乃欲藉以助晋，平其乱而张公室，一如其在鲁之所欲为。然亦卒未成行。或疑中牟叛在赵简子卒后，赵襄子伐之，其时孔子已卒。可见佛肸始终不附赵氏。然不得谓其"以中牟叛"只指此年。亦犹公山不狃之叛，不专指堕三都之年也。今不从。

【疑辨十一】

《史记·孔子世家》："孔子既不得用于卫，将西见赵简子。至于河，而闻窦鸣犊、舜华之死也，临河而叹曰：'美哉水，洋洋乎！丘之不济此，命也夫。'"孔子欲赴佛肸之召，事见《论语》，宜可信。至其欲见赵简子，《论语》未载。春秋定公八年，赵鞅使涉佗盟卫侯，掺其手及腕。是赵简子于卫为雠，孔子何以居卫而突欲往见？且孔子欲赴佛肸之召，则同时决无意复欲去见赵简子。窦鸣犊、舜华当作鸣犊、窦犨。此两人绝不闻有才德贤行之称见于他书。孔子何为闻其见杀而临河遽返？疑此事实不可信。只因孔子过匡、蒲，实曾到过晋、卫边境大河之南岸，又曾偶然动念欲赴佛肸之召，后人遂误传为孔子欲见赵简子。其事无他可信可据处，今不取。

孔子之适卫，初未汲汲求仕进，又若无久居意，故初则赁廛以居，荷蒉者故曰"过孔氏之门"也。居十月又离去，不知何故，或有意游晋。然其时晋适乱，赵氏与范氏、中行氏构衅，孔子未渡河而返卫。其间详情均无可说。

四、孔子反卫出仕

《孟子》曰：

> 孔子于卫，主颜雠由。弥子之妻与子路之妻兄弟也，弥子谓子路曰："孔子主我，卫卿可得也。"子路以告。孔子曰："有命。"

颜雠由，卫大夫。孔子殆以十月去卫重返，始主其家。又经几何时而始见卫灵公，今皆不能详考。

【疑辨十二】

《史记·孔子世家》："孔子过蒲反卫，主蘧伯玉家。"若其事不可信，则其主颜雠由家又在何时？不可详考。又谓孔子屡去卫屡返，屡有新主，恐皆不可信。又谓主子路妻兄颜浊邹家，浊邹即雠由。谓是子路妻兄，亦恐由弥子为子路僚壻而误，不可信。

《左传》定公十五年：

> 春，邾隐公来朝，子贡观焉。邾子执玉高，其容仰。公受玉卑，其容俯。子贡曰："以礼观之，二君皆有死亡焉。君为主，其先亡乎？"夏五月，公薨。仲尼曰："赐不幸言而中，是使赐多言者也。"

是年子贡年二十六，应是子贡自往鲁观礼，归而言之孔子。非可证孔子亦以是年返鲁。

《孟子》曰：

于卫灵公，际可之仕。（《万章》下）

《史记·孔子世家》：

> 卫灵公问孔子，居鲁得禄几何？对曰："俸粟六万。"卫人
> 亦致粟六万。

孔子初至卫，似未即获见卫灵公。何时始获见，不可考。既谓之
"际可之仕"，当必受职任事。所受何职，今亦不可考。俸粟六万，
后人说为六万小斗，当如汉之二千石。孔子在卫，随行弟子亦多，
非受禄养，亦不能作久客。

> 子见南子，子路不说。夫子矢之曰："予所否者，天厌之！
> 天厌之！"（《雍也》）

《史记·孔子世家》：

> 灵公夫人有南子者，使人谓孔子曰："四方之君子，不辱，
> 欲与寡君为兄弟者，必见寡小君。寡小君愿见。"孔子辞谢。
> 不得已，见之。夫人在絺帷中。孔子入门，北面稽首。夫人自
> 帷中再拜。环佩玉声璆然。孔子曰："吾乡为弗见。见之，礼
> 答焉。"子路不说。孔子矢之。

南子宋女，旧通于宋朝，有淫行，而灵公宠之。慕孔子名，强欲见孔子，孔子不得已而见之。南子隔在绤帷中，孔子稽首，南子在帷中答拜。故孔子说：吾本不欲见，但见了，彼亦能以礼相答。此事引起了多方面的怀疑。

> 王孙贾问曰："'与其媚于奥，宁媚于灶。'何谓也？"子曰："不然。获罪于天，无所祷也。"（《八佾》）

子路之不悦于孔子，盖疑孔子欲因南子以求仕。王孙贾，卫大夫，亦疑之。"奥"者，室中深隐之处，灶则在明处。此谓与其借援于宫阃之中，不如求合于朝廷之上。孔子曾称许王孙贾能治军旅，其人应非一小人，乃亦疑孔子欲藉南子求仕进而加规劝。然因南子必欲一见孔子，既仕其国，亦无必不见其君夫人之礼。鲁成公九年，享季文子，穆姜出于房再拜。可见君夫人可见外臣，古人本无此禁。阳货馈孔子豚，孔子亦尚时其亡而往拜；今南子明言求见，孔子亦何辞以拒？然孔子于卫灵公已知无可行事，仅不得已而姑留。今见南子更出不得已，而内则遭子路之不悦，外则有王孙贾之讽谏。孔子之答两人，若出一辞。盖此事无可明辨，辨必涉及南子。在其国不非其大夫，更何论于君夫人。故孔子必不明言涉及南子，则惟有指天为誓。此非孔子之愤，乃属孔子之婉。其告王孙贾，亦只谓自己平常行事一本天意，更无可祷，则又何所用媚也。

【疑辨十三】

"子见南子"一条，前人辨论纷纭。窃谓如上释，事无可疑。或又疑孔子见南子应在卫出公时，辗转曲解，应不如在卫灵公时为允。《史记·世家》又云："灵公与夫人同车，宦者雍渠参乘，出，使孔子为次乘，招摇市过之。孔子曰：'吾未见好德如好色者也。'于是丑之，去卫。"此事则断不可信。灵公尚知敬孔子，南子亦震于孔子之名而必求一见，岂有屈孔子为次乘而招摇过市之事。且孔子既以此去卫，岂有复适卫再见灵公之理。"未见好德如好色"一语，亦岂专为此而发。此皆无他证而断不可信者。盖后人因有"子见南子"之事而添造此说，史迁不察，妄加称引耳。

又子曰："不有祝鮀鲜之佞，而有宋朝之美，难乎免于今之世矣。"祝鮀与王孙贾同仕卫灵公朝，孔子称其善治宗庙。窃疑此条应在孔子居卫时，亦有感于见南子之事而发。宋朝即南子所淫。此条一则谓卫灵公虽内有南子之淫乱，而犹幸外朝多贤。所以特举祝鮀为说者，因祝鮀之佞，可以取悦于鬼神。灵公之得免，亦可谓鬼神佑之也。二则孔子在当时既已名震诸侯，意外招来南子之强见，复增多方之疑嫉，求行道固难，求避祸不失身亦复不易，故惟求不获罪于天以期免于今之世也。孔子平常不喜言佞，而此章特举祝鮀，又言美色而特举宋朝，故知必有感而发。今以此章参之，则其答子路、王孙贾两人之意亦跃然自见。

五、孔子去卫

卫灵公问陈于孔子。孔子对曰："俎豆之事，则尝闻之矣。军旅之事，未之学也。"明日遂行。(《卫灵公》)

《史记·孔子世家》：

明日，与孔子语。见蜚雁，仰视之，色不在孔子。孔子行。

孔子以鲁定公十三年春去鲁适卫，居十月，去卫，过匡过蒲，仍返卫，应在定公之十四年。遂主颜雠由家。雠由虽不列为七十子之徒，然亦颇问学受业。孔子或由雠由之介而获见于卫灵公，其事应在鲁定公之十五年。《左传》："定公十三年春，卫与齐伐晋。"卫灵公与齐景公同次于垂葭。其时孔子方适卫，两人尚未相见。定公十四年春，与齐侯、卫侯会于脾、上梁之间，谋救范、中行氏。秋，卫侯为南子召宋朝，会于洮。太子蒯聩欲杀南子，谋泄奔宋。孔子乃在是后始见卫灵公而仕其朝。南子亟欲见孔子，子路、王孙贾皆不以为然，亦因孔子见南子适在会洮之后，适在蒯聩出奔之后，而其时孔子于卫灵公亦尚属初见，故人疑孔子欲藉南子进身。本以上情节推之，则孔子见卫灵公而仕卫，应在鲁定公十五年为适当，最早亦不出定公十四年之冬。其时距孔子自匡、蒲返卫亦不出一年前后也。翌年，鲁哀公元年，夏四月，齐侯、卫侯救邯郸，围五鹿。秋八月，齐侯、卫侯会于乾侯，救范氏。盖是时晋定公失政，赵氏为范氏、中行氏之间连年结衅，兵争不已。齐景公意欲与晋争霸，卫灵公自鲁定公七年即会齐叛晋，时灵公年未达五十，精力尚旺，连年仆仆在外，至是乃欲伐晋救范氏。国内则宠后弄权，太子出奔。而灵公乃以是时问兵陈之事于孔子。孔子乃曰："俎豆之事则尝闻之。"是欲灵公息其向外扬武之念，反就家庭邦国讲求礼乐。灵公徒慕孔子名，仅是礼遇有加，及是始正式以政事问。乃一语不合，礼貌骤减。孔子见几而作，其事应在鲁哀公元年之后。则孔子仕卫，最多不到两年。其前后在卫，亦不出四年之久。孟子曰："未尝终三年淹。"则疑乃指其仕卫时期言。

【疑辨十四】

《史记·孔子世家》记孔子在卫灵公时，曾四次去卫，两次适陈，两次未出境而反。又谓孔子于适卫后又曾反鲁。一若孔子在此四年期间，行踪飘忽，往返不定，而实皆无证可信。兹俱不取。盖当误于《孟子》"未尝终三年淹"之说，今不一一详辨。

　　子言卫灵公之无道也。康子曰："夫如是，奚而不丧?"孔子曰："仲叔圉治宾客，祝鮀治宗庙，王孙贾治军旅。夫如是，奚其丧?"（《宪问》）

孔子事后尚评卫灵公"无道"。孟子亦曰："于卫灵公，际可之仕。"则孔子在卫，盖始终不抱得君行道之想。

> 子曰："直哉史鱼！邦有道，如矢；邦无道，如矢。君子哉蘧伯玉！邦有道，则仕；邦无道，则可卷而怀之。"（《卫灵公》）

史鱼、蘧伯玉两人，屡见于晚周诸子之称引，盖卫之贤人也。此两人皆当长孔子三十以上。然孔子至卫，两人当尚在，故孔子特称引及之。惟此两人当不为灵公所信用，故前引一章，孔子只举仲叔圉、祝鮀、王孙贾而不及此两人。《史记·孔子世家》谓孔子曾主蘧伯玉家，不知信否。《吕氏春秋·召类》篇谓："赵简子将袭卫，使史默往觇，曰：'蘧伯玉为相，史鳅佐焉。孔子为客，子贡使令于君前。'简子按兵不动。"此则断不足信。

> 子曰："鲁、卫之政，兄弟也。"（《子路》）
> 子曰："齐一变至于鲁，鲁一变至于道。"（《雍也》）

孔子曾至齐、卫两国。其至齐，即得景公召见，又以政事相问。不似在卫，越两年，而始见其君。又历一年，而问以兵陈之事。齐景公之待孔子，似尚优于卫灵公。但孔子在齐一年即返鲁，在卫淹迟达四载。孔子以前，晋韩宣子至鲁，曰："周礼尽在鲁矣。"吴季札至卫，曰："卫多君子。"齐俗急功近利，喜夸诈，多霸政余习，与鲁、卫风俗不同，人物亦殊，故孔子之在齐、卫，其心情当亦不同；此或亦孔子在卫久滞一理由。

六、孔子过宋

《史记·孔子世家》：

> 孔子去卫过曹，去曹适宋。
> 子曰："天生德于予，桓魋其如予何？"（《述而》）

《孟子》：

> 孔子不悦于鲁卫，遭宋桓司马将要而杀之，微服而过宋。（《万章》上）

《史记·孔子世家》：

> 孔子去曹过宋，与弟子习礼大树下，宋司马桓魋欲杀孔子，拔其树。孔子去。弟子曰："可以速矣。"孔子曰："天生德于予，桓魋其如予何？"

《史记·宋世家》：

景公二十五年，孔子过宋，宋司马桓魋恶之，欲杀孔子，孔子微服去。

会合《语》《孟》《史记》三书观之，孔子特过宋境，未入宋之国都。《庄子·天运》篇亦谓孔子伐树于宋。殆司马魋恶孔子，闻其习礼大树下，遂使人拔其树，示意不欲孔子久淹于宋，其弟子亦欲孔子速离宋境，孔子乃有"桓魋其如予何"之叹。谓司马魋将要杀孔子，乃甚言之辞。若必欲杀之，则其事甚易。孔子有弟子相随，虽微服亦未可免桓魋之耳目。谓"微服"者，指对"习礼大树下"而言。孔子亦自有戒心，不复衣冠习礼道涂间，遂谓之微服也。后人又疑司马魋派杀之人已至树下，而孔子犹不速去，则派杀者岂得只拔其树，不杀其人。亦有误过宋、过匡为一事者，更不足信。

《史记·十二诸侯年表》及《宋世家》同谓孔子过宋在宋景公二十五年，是年为鲁哀公三年。卫灵公卒于鲁哀公二年。《论语》谓灵公问陈，孔子明日遂行，此亦甚言之辞。盖孔子至是始决心退职，非谓明日即行离卫国也。即《史记》谓明日见飞雁，色不在孔子，孔子行，亦同为甚言之辞。灵公问陈，其事应在鲁哀公元年之秋冬间。翌年，鲁哀公二年夏，灵公卒。孔子辞去卫禄，当在灵公卒前。而其事在鲁哀公元年冬抑二年春，则难详说。至于孔子之离去卫国，其在灵公卒前或卒后，亦复无可详定。今若定孔子以鲁哀公二年去卫，三年过宋境适陈，应无大不合。此属两千五百年以前之事，古书记载，容多阔略，并有疏失。因见其小漏洞，竟致疑辨，认为必无其事，此既失之。然必刻划而求，锱铢而较，认为其必如是而不如彼，此亦过当。论其大体，略其小节，庶乎可耳。

七、孔子至陈

《孟子》：

> 孔子微服而过宋。是时，孔子当厄，主司城贞子，为陈侯
> 周臣。（《万章》上）

《史记·孔子世家》：

> 孔子遂至陈，主于司城贞子家。

司城，宋宫名，殆陈亦同有此官。其谥贞子，则贤人也。孔子去卫
过宋，一路皆在厄中，陈有贤主人，故遂仕于其朝矣。

《左传》哀公三年：

> 夏五月辛卯，司铎火，火逾公宫，桓僖灾。孔子在陈闻
> 火，曰："其桓僖乎？"

此或出后人附会。然可证鲁哀三年夏，孔子正在陈。

【疑辨十五】

《史记·孔子世家》孔子凡两至陈。《史记·陈世家》湣公六年孔子适陈，《孔子世家》在七年。又湣公十三年孔子在陈，此为鲁哀公之六年。今考孔子以鲁哀三年过宋至陈，至是仍可在陈，其两至陈之说则不可信。

> 在陈绝粮，从者病，莫能兴。子路愠见，曰："君子亦有穷乎？"子曰："君子固穷，小人穷，斯滥矣。"（《卫灵公》）

《孟子》：

> 君子之厄于陈、蔡之间，无上下之交也。（《尽心》下）

《史记·陈世家》：

> 湣公十三年，吴复来伐陈，陈告急楚，楚昭王来救，军于城父，吴师去。是年，楚昭王卒于城父。时孔子在陈。

孔子在陈绝粮，当即在吴师伐陈之年。孔子以鲁哀公三年至陈，至是已鲁哀公六年，前后当逾三年。孟子曰"未尝终三年淹"，则其正式在陈仕朝受禄，殆亦前后不足三年。于其所素抱行道之意，则无可言者。而陈又屡年遭兵。此次吴师来伐，孔子或先已辞位避去。《论语》云"在陈绝粮"，因其尚在陈境。孟子云"厄于陈、蔡之间"，则因其去陈适楚，在路途中。《左传》哀公二年冬十有一月，蔡迁于州来。四年夏，叶公诸梁致蔡于负函。蔡之始封在上蔡，后徙新蔡，皆在今河南境，在陈之南，与陈相近。及其畏楚就吴而迁州来，在今安徽寿县北，与陈相距数百里。其时晋失诸侯，楚昭王有志中原，故使叶公诸梁招致蔡之故地人民于负函；此亦与上蔡、新蔡为近，楚使叶公兼治之。孔子之去陈适蔡，乃就见叶公，与蔡国无涉。其途间绝粮，则是已去陈国，而未达楚境，故曰"无上下之交"也。

【疑辨十六】

《史记·孔子世家》："孔子迁于蔡三岁，吴伐陈，楚救陈，军于城父。闻孔子在陈、蔡之间，楚使人聘孔子，孔子将往拜礼。陈、蔡大夫谋曰：'孔子用于楚，则陈、蔡用事大夫危矣。'于是乃相与发徒役，围孔子于野。不得行，绝粮。"今按：蔡尚在陈之南，孔子先是未尝至蔡，此谓孔子迁于蔡三岁，或是蔡迁于州来三岁之误。蔡昭侯迁州来在鲁哀二年，吴伐陈在鲁哀六年，中间适越三岁。其时蔡事吴，陈事楚，相与为敌。蔡迁州来，与陈已远，乌得有陈、蔡大夫合谋围孔子之事？前人辨此者已多，惟谓绝粮在吴伐陈、楚救陈之岁则是。

【疑辨十七】

《孔子世家》又曰："于是使子贡至楚，楚昭王兴师迎孔子，然后得免。昭王将以书社地七百里封孔子，令尹子西曰：'孔丘得据土壤，贤弟子为佐，非楚之福。'昭王乃止。"孔子绝粮非受兵围，已辨如前。楚昭王近在陈之城父，果迎孔子，信宿可以相见，孔子又何为使子贡至楚？鲁哀之六年，楚昭王在城父，救陈战吴，卒于军中，其事详载于《左传》；其时决不似有议封孔子之事。且议封，仅当计社数，不当云社地几百里。若计地，亦断无骤封以七百里之巨。惟谓孔子当时有意至楚则是。

八、孔子至蔡

《史记·孔子世家》：

> 齐景公卒。明年，孔子自蔡如叶。

齐景公卒岁为鲁哀公之五年。明年，即鲁哀公六年，孔子自陈至蔡。此乃旧时蔡国故地，乃负函之蔡，今属楚，楚臣叶公诸梁居之。此年孔子至负函见叶公。

> 叶公问政。子曰："近者说，远者来。"（《子路》）

孔子至齐，齐景公问以政。其来蔡，蔡公问以政。在卫，不见有卫灵公问政之记载，惟问以兵陈之事，而孔子遂行。在陈亦有三年之久，并仕为臣，亦不见陈侯有所问。初与叶公相见，叶公即虚衷问政，此见叶公诚楚之贤臣。据《左传》：楚迁许于叶。又迁城父，迁析，而叶遂为楚方域外重地。鲁哀公二年，蔡避楚迁州来。六年，楚遂招致蔡之遗民未迁者为置新邑于负函，叶公诸梁主其事而兼治之。孔子见叶公，告以为政必近悦而远来。盖其时楚方务远略，而叶公负其北门面向诸夏之重任。如许如蔡，皆诸夏遗民，今皆归叶公所治，故孔子告以当先务求此辈近民之悦也。

　　叶公语孔子曰："吾党有直躬者，其父攘羊，而子证之。"孔子曰："吾党之直者异于是。父为子隐，子为父隐，直在其中矣。"（《子路》）

当孔子之世，齐、晋霸业已衰，楚与中原诸夏往复频繁，已与昔之以蛮夷自处者远别。然当时南北文化歧见，尚有芥蒂。叶公之意，殆自负以为南方风气人物并不下于北方，故特有此问。亦见叶公心胸实自在卫灵公、陈湣公等诸人之上。而孔子之答，则大道与俗见之相判自显。此乃一时率尔触发，然遂永为千古大训。可见凡孔子行迹所至，偶所亲即，其光风之所薰灼，精神之所影响，实有其永不昧灭者。天将以夫子为木铎，凡孔子行迹所至，实已是孔子之行道所至矣。

　　叶公问孔子于子路，子路不对。子曰："女奚不曰：其为人也，发愤忘食，乐以忘忧，不知老之将至云尔。"（《述而》）

此章不审与"叶公问政"章之先后。推测言之，孔子至蔡，叶公必敬礼相迎，其问政当在前。叶公之于孔子，既知慕重，但不能真识孔子之为人，故又私问于子路。然大圣人学养所至，有非他人之言辞所能形容者。且孔子远来楚邦，双方情意未洽，子路骤不得叶公问意所在，故遂避之不答。及其告孔子，孔子则谓当仅告以一己平日之为人。而孔子之自道其为人，则切实平近之至，实只告之以一己之性情而止。鲁哀公六年，孔子已年六十有三，而仅曰"老之将至"，又曰"不知老之将至"，则孔子当时殆可谓实无丝毫老意入其心中。而此数年来，去卫过宋，去陈来蔡，所如不合，饥困频仍。若以言忧，忧亦可知。乃孔子胸中常若有一腔乐气盘旋，不觉有所谓忧者。其曰"发愤忘食，乐以忘忧"，实已道出了其毕生志学好学，遑遑汲汲，志道乐道，矻矻孳孳，一番诚挚追求永无懈怠之心情。其生命，其年岁，其人，即全在其志学好学、志道乐道之无尽向往无尽追求中。其所愤，所乐，亦全在此。此以外则全可忘。人不可一日不食，在孔子心中，亦何尝一日忘忧。然所忧即在此学此道，即在此愤此乐之中。故孔子毕生，乃若常为一忘食忘忧之人，其实则只是一志学志道、好学乐道之人而已。孔子曰："人不知而不愠，不亦君子乎？"孔子平日此一番学养，此一番志好，此一番心胸，此一番追求，即孔子生命精神之所在。但此实亦无人能知，孔子亦偶自作此吐露。其"发愤忘食，乐以忘忧"之八字，即在孩提之童，初学之年，皆可有之，惟孔子则毕生如是而已。

楚狂接舆，歌而过孔子，曰："凤兮凤兮！何德之衰？往

者不可谏，来者犹可追。已而已而！今之从政者殆而！"孔子下，欲与之言。趋而辟之，不得与之言。(《微子》)

接舆之名，屡见于先秦诸子之称述。范雎、邹阳皆以与箕子并称，皆谓其人佯狂避世。今疑接舆或是故蔡遗民，沦落故地，遂为楚人。《韩诗外传》："楚狂接舆躬耕以食，楚王使使者赍金百镒，愿请治河南。接舆不应，与妻偕隐，莫知所之。"则叶公致蔡于负函，接舆或在其内。楚王欲用接舆，其曰"愿请治河南"，固属传说，然亦透露了楚王之意在怀柔当时故蔡之遗民。而接舆之歌而过孔子，正不喜孔子以中原诸夏有名大人前来楚邦。若果从仕于楚，将更是一危殆之道。其歌意当在此。今不知孔子当时所抱见解如何，其所欲与接舆言而不获者系何等言？要之接舆当抱有亡国之痛，其于楚人之统治，必有"非吾族类"之感，不得仅以与后世如庄老之徒之隐遁不仕同视。

长沮、桀溺耦而耕。孔子过之，使子路问津焉。长沮曰："夫执舆者为谁？"子路曰："为孔丘。"曰："是鲁孔丘与？"曰："是也。"曰："是知津矣。"问于桀溺，桀溺曰："子为谁？"曰："为仲由。"曰："是鲁孔丘之徒与？"对曰："然。"曰："滔滔者，天下皆是也，而谁以易之？且而，与其从辟人之士也，岂若从辟世之士哉！"耰而不辍。子路行以告。夫子怃然曰："鸟兽不可与同群，吾非斯人之徒与而谁与？天下有道，丘不与易也。"(《微子》)

此事当与前事同在孔子自陈适蔡之道途中。长沮、桀溺，疑亦蔡之遗民。苟不从仕，则惟有务耕为活。然乃远知鲁国孔丘与其徒仲由。固属当时孔子与其门弟子之声名洋溢，无远弗届。然此两人亦非寻常耕农可知。而其意态消沉，乃若于世事前途了不关怀，实亦有感于其当身之经历。宗邦播迁，乡井非昔，统治者亦复非我族类。其不能复有鼓舞歆动之心情，宜亦无怪。孔子意，处此无道之世，正更感必有以易之，则惟求与斯人为徒以共昌此人道；固非绝群逃世之所能为力。然孔子此等意见，亦无法与如长沮、桀溺之决意避世者深论，故亦只有怅然怃然而已也。

> 子路从而后，遇丈人，以杖荷蓧。子路问曰："子见夫子乎？"丈人曰："四体不勤，五谷不分，孰为夫子？"植其杖而芸。子路拱而立。止子路宿，杀鸡为黍而食之，见其二子焉。明日，子路行，以告。子曰："隐者也。"使子路反见之，至则行矣。子路曰："不仕无义。长幼之节，不可废也。君臣之义，如之何其废之？欲洁其身而乱大伦。君子之仕也，行其义也。道之不行，已知之矣。"（《微子》）

此丈人亦当在遇见接舆与长沮、桀溺之一路上所值。孔子行迹遍天下，乃在此一路上独多遇异人。正因蔡乃诸夏旧邦，虽国势不振，犹有耆献。平日或为士，或为吏。一旦其国远徙，其不克随行者遂沦落为异国之编氓，赖耕农以自活。孔子抱明道行道之心，曾一度至齐，不得意而归。又以不得意而去鲁至卫，复以不得意而去。亦曾一度欲去之晋而未果，道困于宋。其在陈，虽仕如隐。今之来楚，宜无可以久留之理。其平日，尊管仲以仁，尝曰："桓公九合诸侯，不以兵车，管仲之力。"（《宪问》）又曰："管仲相桓公，霸诸侯，一匡天下，民到于今受其赐。微管仲，吾其被发左衽矣。"（《宪问》）夷、夏之防，《春秋》所重。然当孔子世而竟无可作为。其告叶公，亦止曰："近者悦，远者来。"其去此下孟子告齐宣王，曰："以齐王，犹反手。"岂非无大相异。果使能近悦远来，岂不叶公即可以楚王。然孔子之命子路告丈人亦曰："道之不行，已知之矣。"是孔子在当时已明知道之不能行，而犹曰："君子之仕，以行其义。"盖道不能行，而仍当行道，此即君子之义也。君子知道明道，乃君子之天职；若使君子而不仕，则道无可行之望。

人之为群，不可无家庭父子，亦不可无邦国君臣。果使无父子，无君臣，则人群之道大乱。君子不愿于其自身乱大群之道，故曰"君子之仕，以行其义"。不能使君子不义而仕，然君子亦必不认仕为不义。今丈人只认勤四体、分五谷为人生正道，尚知当有父子，而不知同时仍当有君臣。此丈人或亦抱亡国之痛，有难言之隐，故孔子谓之曰隐者。孔子尝欲居九夷，又曰"乘桴浮于海"，是孔子非不同情隐者。然世事终须有人担当，不得人人皆隐。

接舆、长沮、桀溺三人，皆直斥孔子，骤难与之深言。惟此丈人并不对子路有所明言深斥。孔子欲为丈人进一义解，故又使子路再往。亦非欲指言丈人之非，特欲广丈人之意，使知处人世有道，有不尽于如丈人之所存想者。而不期丈人已先去灭迹。在此，丈人自尽己意即止，不愿与孔门师徒再多往复。其意态之坚决，亦复如接舆之趋避。然而就此四人之行迹言，则此丈人若尤见为高卓矣。

九、孔子自蔡反陈

> 子在陈，曰："归与！归与！吾党之小子狂简，斐然成章，不知所以裁之。"（《公冶长》）

此章必是孔子自楚归陈后语。孔子之至陈，本为在卫无可居而来。在陈又无可居，乃转而至楚。在孔子当时，本无在楚行道之意向。特以去陈避难，楚为相近，故往游一观，而困饿于陈、蔡之间。又在途中屡遭接舆、长沮、桀溺以及荷蓧丈人之讽劝讥阻。孔子之无意久滞楚境亦可想见。乃再至陈，亦是归途所经，非有意再于陈久滞。"归欤"之叹，乃孔子一路存想，非偶尔发之亦可知。

《孟子》：

> 万章问曰："孔子在陈，曰：'盍归乎来！吾党之小子狂简，进取不忘其初。'孔子在陈，何思鲁之狂士？"孟子曰："孔子不得中道而与之，必也狂狷乎！狂者进取，狷者有所不为也。孔子岂不欲中道哉？不可必得，故思其次也。"（《尽心》下）

"狂简"者，谓其有进取之大志而略于事。因其志意高远，故于日
常当身之事为行动，不免心有所略。质美而学不至，则恐其过中失
正，终不能达其志意之所望。故孔子欲归而裁之。如有美锦，当求
能裁制以为衣。若不知裁，则无以适用。孔子有志用世，既叹道不
能行，乃欲一意还就教育事业上造就人才，以备继我而起，见用于
后世。此亦其明道行道之一端。孔子在未出仕前，早多门人从学。
其去鲁周游，门人多留于鲁，未能随行，故孔子思之。孟子所言之
"狂狷"，与《论语》本章言"狂简"，意有微别，当分而观之。但
合以求之，则其义可通。

一〇、孔子自陈反卫

《史记·孔子世家》：

> 孔子自楚反乎卫。是岁也，孔子年六十三，而鲁哀公六
> 年也。

是年，乃孔子自陈适楚之年，亦即楚昭王之卒岁，亦即孔子自楚反
陈之年。孔子适楚，留滞不久，仅数月之间。由楚反，乃直接适
卫，在陈特路过，更非有留滞之意。故自陈适楚至自楚反卫，始终
只在一年中。

《孟子》：

　　　　于卫孝公，公养之仕也。（《万章》下）

孔子反卫，当出公辄四年。鲁哀公二年，卫灵公卒，卫人立辄。其后辄逃亡在外，故称出公。故出公非其谥，或即谥孝公也。孔子之反卫，出公尚年少，计不过十四五岁，未能与孔子周旋，故《论语》不见出公问答语。则孟子所谓"公养之仕"，特是卫政府致饔饩养孔子。孔子与其群弟子饿于陈、蔡之间，又适楚反陈而来卫，行李之困甚久，故亦受卫之禄养而不辞，殆非立其朝与闻其政始谓之仕也。

【疑辨十八】

　　或疑《孟子》"于卫孝公，公养之仕"，卫孝公乃陈湣公之误。今按：孔子仕陈，未见有所作为，亦可谓仅属"公养之仕"矣。然谓卫孝公乃陈湣公之误，则殊无证据。必谓字误，焉知"孝"字非"出"字之误乎？兼若谓孔子在出公时未仕卫，则子贡、子路两问皆似无端不近情理。则陈湣字误之疑，大可不必。

　　　　冉有曰："夫子为卫君乎？"子贡曰："诺，吾将问之。"入，曰："伯夷叔齐何人也？"曰："古之贤人也。"曰："怨乎？"曰："求仁而得仁，又何怨？"出，曰："夫子不为也。"（《述而》）

卫灵公时，太子蒯聩欲谋杀南子，被逐出奔。灵公与晋赵鞅有夙仇，叛晋昵齐。及鲁哀公二年四月，灵公卒，赵鞅即纳蒯聩入戚，其意实欲藉此乱卫逞宿忿。卫人拒蒯聩而立辄，辄即蒯聩之子。卫人之意，非拒蒯聩，乃以拒晋。灵公生前自言"予无子"，是已不认蒯聩为子。无适子，立适孙，于礼于法亦无悖。蒯聩亦知其父与晋赵鞅有夙仇，且其父卒，南子尚在。今赖晋力以入，既背其父生前仇晋之素志，亦增南子不悦蒯聩而逐之之积恨。若果背其死父而杀其名义之母，将益坚国人之公愤。且卫人所立即其子，蒯聩又无内援，故其心亦非必欲强入。遂成子为君，父居外，内外对峙，至达十七年之久。孔子重反卫，已在卫出公四年，父子内外对峙之形势早已形成。孔子与卫廷诸臣多旧识，今既受卫之公养，其对卫国当前此一种父子内外对峙之局面究抱何等态度，此为其随行弟子所急欲明晓者。子贡长于言语，其见孔子，不直问卫辄之拒父，乃婉转而问夷齐之让国。伯夷决不肯违父遗命而立为君，叔齐亦不肯跨越其兄而自为君，于是相与弃国而逃。在夷齐当时，特各求其心之所安而已。去之则心安，故曰："求仁而得仁，又何怨？"今卫出公乃以子拒父，其心当自有不安。苟其心有不安，可不问其他，径求如夷齐之自求心安乃为贤。昔孔子在鲁，曰："季氏八佾舞于庭，是可忍，孰不可忍。"今在卫，乃称伯夷叔齐之逊国为贤。可知孔子意，对外面现实政治上之种种纠纷皆可置为后图，不急考虑，首先当自求己心所安。如夷齐，则心安。如卫辄，则其心终自不可安。己则居内为君，父则拒外为寇，若如此而其心无不安，则尚何世道可言？子贡亦非不知当时卫国现实政治上种种复杂形势，乃皆撇去不问，独选一历史故事以伯夷叔齐为问；而孔子对于当前现实政治上之态度，亦即不问可知。则子贡之贤，亦诚值赞赏矣。

> 子路曰："卫君待子而为政，子将奚先？"子曰："必也正
> 名乎？"子路曰："有是哉！子之迂也。奚其正？"子曰："野
> 哉！由也。君子于其所不知，盖阙如也。名不正则言不顺，言
> 不顺则事不成，事不成则礼乐不兴，礼乐不兴则刑罚不中，刑
> 罚不中则民无所措手足。故君子名之必可言也，言之必可行
> 也。君子于其言，无所苟而已矣。"（《子路》）

子路此问，疑应在子贡之问之后。孔子既再仕于卫，子路乃问：卫
君苟待子为政，子将何先？子贡只问孔子是否赞成出公之为君，而
又婉转问之。今子路则直率以现实政事问，谓子若为政，将何先？
而孔子亦直率以现实政事对，曰：当先正名。"正名"即是正父子
之名，不当以子拒父。然出公居君位已有年，卫之群臣皆欲如此，
形势已定。蒯聩先不知善谏其父，而遽欲杀南子，已负不孝之名。
其反而据戚，又藉其父宿仇赵鞅之力，故更为卫之群臣所不满。今
孔子乃欲正辄与蒯聩间父子之名，此诚是当时一大难题，故子路又
有"奚其正"之问。此下孔子所答，只就人心大义原理原则言。孔
子意，惟当把握人心大义原理原则所在来领导现实，不当迁就现
实，违反人心大义原理原则而弃之于不顾。孔子在鲁主张堕三都，
即是如此。

但就现实言，孔子在当时究当如何来实施其正名之主张，遂引
起后儒纷纷讨论。或谓出公当逊位迎父，告于先君，妥置南子，使

天理人情两俱不失其正。若蒯聩亦能悔悟，不欺其已死之父以争国，不自立为君，而命其子仍居君位，此是一最佳结束。若使蒯聩返而自立，在出公亦已如夷齐之求仁得仁，又何怨。此是一说。或又谓蒯聩父在而欲弑其母，一不孝。父卒不奔丧，二不孝。又率仇敌以侵宗邦，三不孝。卫辄即欲迎其父，卫之臣民必不愿。故子路亦以孔子言为迂。

　　然越后至于卫出公之十二年，蒯聩终入卫，而辄出亡于鲁。其年孔子尚在，两年后始卒。孔子固先已明言之："名不正则言不顺，言不顺则事不成。"言不顺者，不顺于人心，即无当于大义，则其事终不克圆满遂成。卫辄固不知尊用孔子，待以为政；而子路亦未深明孔子当时之言，此后乃仕为孔悝之家邑宰。孔悝即是拥辄拒蒯聩者。蒯聩之入，子路死之。后之儒者不明孔子之意，即如《公羊》《穀梁》两传亦皆以卫拒蒯聩为是。然卫人可以拒蒯聩，卫出公则不当拒蒯聩。惟孟子有"瞽瞍杀人，舜窃之而逃，视天下犹弃敝屣"之说，乃为深得孔子之旨。或又谓卫人立辄，可缓蒯聩必欲入卫之想，而使其不受赵鞅之愚。又谓拒蒯聩者非辄，乃卫之群臣。蒯聩入，居于戚十余年，乃由辄以国养。种种推测，皆可谓乃阐说了子路之意，为出公开脱，而并不在发挥孔子之主张。

　　或又谓蒯聩与辄皆无父之人，不可有国。孔子为政，当告诸天子，请于方伯，命公子郢而立之。公子郢，其人贤且智，卫人本欲立之，而坚拒不受。今谓出公尊用孔子，使之当政，而孔子乃主废辄立郢，则又何以正孔子与辄君臣之名？且显非《论语》本章所言"正名"之本意。

盖孔子只从原理原则言，再由原理原则来指导现实，解决现实上之诸问题。后人说《论语》此章，则已先在心中横梗着现实诸问题而多生计较考虑，原理原则不免已搁置一旁，又添出了许多旁义曲解，故于孔子本意终有不合。

或又谓卫辄拒父，孔子不应仕而受其禄。则不知孔子在当时仅是一士阶层中人，若非出仕，何以自活？为士者亦自有其一套辞受出处进退之大义，此层待孟子作详尽之阐发。惟孔子反卫，在卫出公四年，即鲁哀公六年。其去卫反鲁，在卫出公九年，即鲁哀公十一年，前后当四五年之久。而孟子曰："未尝终三年淹。"若专指其仕于朝而言，则孔子在卫受卫出公之禄养亦岂不足三年乎？抑孔子于卫出公，仅为"公养之仕"，又与正式立于其朝者有别乎？今亦无可详说。然古今考孔子历年行迹，为孟子此言所误者多矣，故特著于此，以志所疑。

一一、孔子自卫反鲁

《左传》哀公七年：

> 公会吴于鄫，太宰嚭召季康子，康子使子贡辞。

又哀公十一年：

> 公会吴子伐齐，将战，吴子呼叔孙，叔孙未能对，卫赐进

曰云云。

在鲁哀公七年至十一年之四年间，子贡似已仕鲁，常往还于鲁、卫间。

又哀公十一年春：

> 齐伐鲁，季孙谓其宰冉求曰云云。

是鲁哀公十一年，冉求亦已反鲁为季氏宰。

> 子路宿于石门，晨门曰："奚自？"子路曰："自孔氏。"曰："是知其不可而为之者与？"（《宪问》）

此章不知何时事。疑孔子在卫，子路殆亦往还鲁、卫间。孔子之告荷蓧丈人曰："道之不行，已知之矣。君子之仕，行其义也。"天下事不可为，而在君子之义则不可不为。已知道不行，而君子仍当以行道为天职。此晨门可谓识透孔子心事。

【疑辨十九】

《史记·孔子世家》："季桓子病，辇而见鲁城，喟然叹曰：'昔此国几兴矣，以吾获罪于孔子，故不兴也。'顾谓其嗣康子曰：'我即死，若必相鲁，相鲁，必召仲尼。'后数日，桓子卒，康子代立。已葬，欲召仲尼。公之鱼曰：'昔吾先君用之不终，终为诸侯笑。

今又用之不能终，是再为诸侯笑。'康子曰：'则谁召而可。'曰：'必召冉求。'于是使使召冉求。冉求将行，孔子曰：'鲁人召求，非小用之，将大用之也。'是日，孔子曰：归乎归乎！"今按：季桓子卒在鲁哀公三年，孔子在陈叹"归欤"尚在后。其自陈反卫，冉有、子贡有"夫子为卫君乎"之疑，是其时冉求亦随侍在卫。惟当时诸弟子既知孔子不为卫君，自无久滞于卫之理。乃先往还鲁、卫间。子贡仕鲁应最在前，冉有或稍在后。季康子既非于桓子卒后即召孔子，亦非于孔子弟子中独召冉子而大用之。《史记》言不可信。

《左传》哀公十一年：

> 孔文子之将攻太叔也，访于仲尼。仲尼曰："胡簋之事，则尝学之矣。甲兵之事，未之闻也。"退，命驾而行，曰："鸟则择木，木岂能择鸟。"文子遽止之，曰："圉岂敢度其私，访卫国之难也。"将止，鲁人以币召之，乃归。

是孔子归鲁在鲁哀公之十一年。孔子称孔圉能治宾客，《左传》载孔圉使太叔疾出其妻，而妻之以己女。疾通于初妻之娣，圉怒，遂将攻太叔。太叔出奔，孔圉又使太叔之弟妻其女。

> 子贡问曰："孔文子何以谓之文也？"子曰："敏而好学，不耻下问，是以谓之文也。"（《公冶长》）

是子贡亦鄙孔圉为人而问之，惟孔子不没其善，言若此亦足以为
"文"矣。"胡簋之事"四句，同于孔子之答卫灵公。或孔子未必同
以此语答孔圉，而记者误以答灵公语移此。孔子本无意久滞于卫，
既不为孔圉留，亦不为孔圉去。鲁人来召，孔子即行。亦不得据鸟
择木之喻，谓孔子在卫乃依孔圉。又孔子已命驾，乃又以孔圉止之
而将止，似皆不可信。《左传》此条补插于"鲁人召之乃归"之前。
其先已记文子欲攻太叔，仲尼止之，可知此条系随后羼入。后人转
以《左传》此条疑《论语》"卫灵公问陈"章，大可不必。

《史记·孔子世家》：

> 季康子使公华、公宾、公林以币迎孔子，孔子归鲁。孔子
> 之去鲁，凡十四岁而反乎鲁。

【疑辨二十】

《孔子世家》又曰："冉有为季氏将师与齐战于郎，克之。季康
子曰：'子之于军旅，学之乎，性之乎？'冉有曰：'学之于孔子。'
季康子曰：'孔子何如人哉？'对曰云云。康子曰：'我欲召之可
乎？'对曰：'欲召之，则毋以小人固之，则可矣。'"此条与前康子
欲召孔子而先召冉有条语相冲突，冉有语孔子云云尤浅陋。《左传》
言"师及齐师战于郊"，此文误作"郎"。盖鲁季氏本重孔子而用孔
子之弟子，子贡、冉有皆是。及用孔子弟子有功，乃决心召孔子。
此乃当于大体情实。

第七章　孔子晚年居鲁

一、有关预闻政事部分

《左传》哀公十一年：

> 季孙欲用田赋，使冉有访诸仲尼。仲尼曰："丘不识也。"三发，卒曰："子为国老，待子而行，若之何子之不言也?"仲尼不对，而私于冉有曰："君子之行也，度于礼。施取其厚，事举其中，敛从其薄，如是则以丘亦足矣。若不度于礼，而贪冒无厌，则虽以田赋，将又不足。且子季孙若欲行而法，则有周公之典在。若欲苟而行之，又何访焉!"弗听。

十有二年春王正月，用田赋。

鲁人尊孔子以国老，初反国门，即以行政大事相询。然尊道敬贤之心，终不敌其权衡利害之私。季孙之于孔子，亦终是虚与委蛇而已。鲁成公元年，备齐难，作丘甲，十六井出戎马一匹，牛三头。此时鲁数与齐战，故欲于丘赋外别计其田增赋。

　　季氏将伐颛臾。冉有、季路见于孔子，曰："季氏将有事于颛臾。"孔子曰："求！无乃尔是过与？夫颛臾，昔者先王以为东蒙主，且在邦域之中矣，是社稷之臣也，何以伐为？"冉有曰："夫子欲之，吾二臣者皆不欲也。"孔子曰："求！周任有言曰：'陈力就列，不能者止。'危而不持，颠而不扶，则将焉用彼相矣？且尔言过矣！虎兕出于柙，龟玉毁于椟中，是谁之过与？"冉有曰："今夫颛臾，固而近于费，今不取，后世必为子孙忧。"孔子曰："求！君子疾夫舍曰欲之而必为之辞。丘也闻有国有家者，不患寡而患不均，不患贫而患不安。盖均无贫，和无寡，安无倾。夫如是，故远人不服，则修文德以来之。既来之，则安之。今由与求也，相夫子，远人不服而不能来也，邦分崩离析而不能守也。而谋动干戈于邦内。吾恐季孙之忧，不在颛臾，而在萧墙之内也。"（《季氏》）

此事不知在何年。《左传》哀公十四年：

> 小邾射以句绎来奔，曰："使季路要我，吾无盟矣。"使子路，子路辞。季康子使冉有谓之曰："千乘之国，不信其盟而信子之言，子何辱焉？"对曰："鲁有事于小邾，不敢问故，死其城下，可也。彼不臣而济其言，是义之也。由弗能。"

此证是年子路尚仕鲁。盖冉有先孔子归，仕季氏。访田赋时，子路尚未仕。子路随孔子归后始仕季氏，其职位用事当在冉有下，故书冉有在子路之上也。《春秋》与《左氏传》皆不见季孙伐颛臾事，殆以闻孔子言而止。

> 季康子问："仲由可使从政也与？"子曰："由也果，于从政乎何有？"曰："赐也可使从政也与？"曰："赐也达，于从政乎何有？"曰："求也可使从政也与？"曰："求也艺，于从政乎何有？"（《雍也》）

子贡、冉有早仕于鲁，子路之仕稍在后。季康子贤此三人而问之，但亦终未能升此三人于朝，使为大夫而从政。

> 季子然问："仲由、冉求可谓大臣与？"子曰："吾以子为异之问，曾由与求之问！所谓大臣者，以道事君，不可则止。今由与求也，可谓具臣矣。"曰："然则从之者与？"子曰："弑父与君，亦不从也。"（《先进》）

子然，季氏子弟，以其家得臣子路、冉有二人，骄矜而问，故孔子折抑之。

> 季氏旅于泰山。子谓冉有曰："女弗能救与？"对曰："不能。"子曰："呜呼！曾谓泰山不如林放乎？"（《八佾》）

此季氏即康子。古礼，惟诸侯始得祭其境内之名山大川。季氏旅泰山，是其僭。冉有不能止，孔子非之。

> 冉子退朝，子曰："何晏也？"对曰："有政。"子曰："其事也！如有政，虽不吾以，吾其与闻之。"（《子路》）

其时，鲁虽不用孔子，犹以大夫待之。故孔子亦自谓"以吾从大夫之后"也。冉子仕于季氏，每退朝，仍亦以弟子礼来孔子家，故孔子问以今日退朝何晏。又谓若有国家公事，我必与闻之也。

> 季氏富于周公，而求也为之聚敛而附益之。子曰："非吾徒也，小子鸣鼓而攻之可也。"（《先进》）

《孟子》：

> 冉求为季氏宰，无能改于其德，而赋粟倍他日。孔子曰："求非我徒也，小子鸣鼓而攻之可也。"（《离娄》上）

孔子之归老于鲁，后辈弟子从学者愈众，如子游、子夏、有子、曾子、子张、樊迟等皆是。孔子谓"小子鸣鼓攻之"，当指此辈言。鲁政专于季氏，冉有见用，竟不能有所纠正，故孔子深非之也。

> 冉求曰："非不说子之道，力不足也。"子曰："力不足者，中道而废，今女画。"（《雍也》）

冉有在孔门，与季路同列为政事之选。孔子告季康子："由也果，求也艺，于从政乎何有？"（《雍也》）孔子又曰："求也退，故进之。由也兼人，故退之。"（《先进》）是在孔门，冉有常得与子路并称。今季氏既重用冉子，孔子极望冉子能挽季氏于大道，而冉子自诿力不足。然果能说孔子之道，不能改季氏之德，则惟有恝然去之。今既不能恝然去，而又尽其力以助之。此孔子所以称其"画"，又称其"退"也。见道在前，画然自止，逡巡而退，非无其力，乃无一番坚刚进取之志气耳。冉有既不符孔子所望，于是孔子晚年之在鲁，在政事上所有之抱负遂亦无可舒展。

> 哀公问曰："何为则民服？"孔子对曰："举直错诸枉，则民服。举枉错诸直，则民不服。"（《为政》）

《中庸》：

　　哀公问政，子曰："文、武之政，布在方策。其人存，则其政举。其人亡，则其政息。"

其时，世卿持禄，多不称职。贤者隐处，不在上位。若能举直者错之于枉者之上，则民自服。其告樊迟亦曰："举直错诸枉，能使枉者直。"（《颜渊》）旋乾转坤，实只在一举错之间。"人存政举，人亡政息"，亦此意。总之是"人能弘道，非道弘人"也。

　　季康子问政于孔子。孔子对曰："政者正也。子帅以正，孰敢不正？"（《颜渊》）

　　季康子患盗，问于孔子。孔子对曰："苟子之不欲，虽赏之不窃。"（《颜渊》）

　　季康子问政于孔子，曰："如杀无道以就有道，何如？"孔子对曰："子为政，焉用杀？子欲善而民善矣。君子之德风，小人之德草。草上之风必偃。"（《颜渊》）

　　季康子问："使民敬忠以劝，如之何？"子曰："临之以庄，则敬。孝慈，则忠。举善而教不能，则劝。"（《为政》）

孔子设教，不仅注意个人修行，其对家庭社会国家种种法则制度秩序，所以使人群相处相安之道，莫不注意。自孔子之教言，群、己即在一道中。为人之道即是为政之道，行己之道即是处群之道。不仅是双方兼顾，实则是二者合一。就政治言，治人者与治于人者同是一人，惟职责应在治人者，不在治于人者。其位愈高，其权愈大，则其职责亦愈重。故治人者贵能自反自省，自求之己。孔子答季康子问政诸条，语若平直，而寓义深远。若不明斯义，不能修己，徒求治人，不知立德，徒求使民；人道不彰，将使政事惟在于争权位，逞术数，恣意气。覆辙相寻，而斯民日苦。惜乎季康子不足以语此。然既有所问，孔子不能默尔不答。凡孔子所答，则皆属人生第一义。其答楚叶公，其答鲁季康子，一则非诸夏，一则乃权臣，然果能如孔子语，亦可使一世同进于安乐康泰之境。此则圣人之道之所以为大也。

> 陈成子弑简公，孔子沐浴而朝，告于哀公，曰："陈恒弑其君，请讨之。"公曰："告夫三子。"孔子曰："以吾从大夫之后，不敢不告也，君曰告夫三子者。"之三子告，不可。孔子曰："以吾从大夫之后，不敢不告也。"（《宪问》）

《左传》哀公十四年：

> 齐陈恒弑其君壬于舒州，孔丘三日斋而请伐齐三。公曰："鲁为齐弱久矣，子之伐之将若之何？"对曰："陈恒弑其君，民之不与者半，以鲁之众，加齐之半，可克也。"公曰："子告季孙。"孔子辞，退而告人曰："吾以从大夫之后也，故不敢不言。"

是年，孔子已年七十一。此为孔子晚年在鲁最后发表之大政见。鲁弱齐强，孔子非不知。然若必待绝对可为之事而后为，则事之可为者稀矣。然亦非孔子绝不计事之可为与否，而仅主理言。要之陈恒必当伐，以鲁伐齐，亦非绝无可胜之理。孔子所计图者如此而止。而鲁君则必不能不先问之三家。三家各为其私，自必不肯听孔子，此在孔子亦非不知。惟孔子之在鲁，亦从大夫之后，则何可不进说言于其君与相，而必默尔而息乎！《左传》载"鲁为齐弱"一段，《论语》无之，因《论语》只标举大义，细节谐商在所略。《论语》"之三子告"一段，则《左传》无之，因事既不成，史籍可略。然三家擅鲁，乃鲁政积弱关键所在。孔子苟获用于鲁，其主要施为即当由此下手，故《论语》于此一节必详记之也。

二、有关继续从事教育部分

孔子晚年反鲁，政治方面已非其主要意义所在，其最所属意者应为其继续对于教育事业之进行。

> 子曰："先进于礼乐，野人也。后进于礼乐，君子也。如用之，则吾从先进。"（《先进》）

先进、后进，乃指孔门弟子之前辈、后辈言。孔子周游在外十四年，其出游前诸弟子为先进，如颜、闵、仲弓、子路等。其于礼乐，务其大体，犹存淳素之风。较之后辈转似朴野。其出游归来后诸弟子，如子游、子夏等为后进。于礼乐讲求愈细密，然有趋于文胜之概。孔子意，当代若复用礼乐，吾当从先进诸弟子。盖孔子早年讲学，其意偏重用世。晚年讲学，其意更偏于明道。来学者受其薰染，故先进弟子更富用世精神，后进弟子更富传道精神。孔门诸弟子先后辈风气由此有异。

> 子曰："从我于陈、蔡者，皆不及门也。"德行：颜渊、闵子骞、冉伯牛、仲弓。言语：宰我、子贡。政事：冉有、季路。文学：子游、子夏。（《先进》）

孔子在陈，思念在鲁之弟子。及其反鲁，又思及往年相从出游诸弟子。或已死，或离在远，"皆不及门"，谓不及在门墙之内，同其讲论之乐也。德行、言语、政事、文学四科十哲，乃编撰《论语》者因前两章孔子所言而附记及之，以见孔门学风之广大。"言语"指使命应对，外交辞令。其时列国交往频繁，政出大夫，外交一项更属重要，故"言语"乃列"政事"前。"文学"一科，子游、子夏乃后辈弟子，其成就矫然，盖有非先辈弟子所能及者。至于"德行"一科，非指其外于言语、政事、文学而特有此一科，乃是兼于言语、政事、文学而始有此一科。

《孟子·公孙丑》曰：

> 昔者窃闻之，子夏、子游、子张皆有圣人之一体。冉牛、闵子、颜渊则具体而微。

冉、闵、颜三人皆列德行，正谓其为学之规模格局在大体上近似于孔子，只气魄力量有不及。若偏于用世，则为言语、政事。偏于传述，则为文学。盖孔子之学以一极单纯之中心为出发点，而扩展至于无限之周延。其门弟子各就才性所近，各视其智力之等第，浅深高下，偏全大小，各有所成，亦各有所用。《论语》记者虽分之为四科，然不列德行之科者，亦未尝有背于德行。其不预四科之列者，亦未尝不于四科中各有其地位。此特指其较为杰出者言耳。

【疑辨二十一】

宰我、子贡同列言语之科。孟子曰："宰我、子贡善为说辞。"又曰："宰我、子贡、有若，智足以知圣人。"宰我曰："以予观于夫子，贤于尧舜远矣。"在孔子前辈弟子中，宰我实亦矫然特出，决非一弱者。惟《论语》载宰我多不美之辞，《史记·仲尼弟子列传》有云："学者多称七十子之徒，誉者或过其实，毁者或损其真。"窃疑于宰我为特甚。语详拙著《先秦诸子系年·宰我死齐考》。

孔子于诸弟子中特赏颜渊。尝亲谓之曰：

> 用之则行，舍之则藏，惟我与尔有是夫。（《述而》）

《论语》记德行一科，有闵子骞、冉伯牛、仲弓，而颜渊褒然为之首。此四人皆应能"舍之则藏"，不汲汲于进取。孔子所以更独喜颜渊，必因颜渊在"用之则行"一面有更高出于三人之上者。故孔子独以"惟我与尔有是"称之。

> 颜渊问为邦，子曰："行夏之时，乘殷之辂，服周之冕，乐则《韶》舞。放郑声，远佞人。郑声淫，佞人殆。"（《卫灵公》）

此章孔子答颜渊问政，与答其他诸弟子问如子路、仲弓、子夏诸人者皆不同。孔子详述为政要端贵能斟酌历史演进，损益前代，折衷一是。其主要在礼乐上求能文质兼尽。不啻使政事即如一番道义教育，陶冶人生，务使止于至善，而于经济物质方面亦所不忽。惟均不涉及抽象话，只是在具体事实上逐一扼要举例。至其间种种所以然之故，今既时异世易，无可详论。惟"行夏时"一项，则为后世遵用不辍。今即就孔子之所告，足证颜渊有此器量才识，故孔子特详告之，又以"用之则行"许之也。

> 子曰："贤哉回也！一箪食，一瓢饮，在陋巷。人不堪其忧，回也不改其乐，贤哉回也！"（《雍也》）

《孟子》：

> 颜子当乱世，居于陋巷。一箪食，一瓢饮，人不堪其忧，颜子不改其乐。（《离娄》下）

是颜渊之穷窘屡空，生事艰困，盖亦在孔门其他诸弟子之上。宋儒周濂溪尝教程明道、伊川兄弟，令"寻仲尼、颜渊乐处，所乐何事？"成为宋、元、明三代理学家相传最高嘉言，而颜子之德行高卓，亦于此可想。

> 颜渊死，子曰："噫！天丧予！天丧予！"（《先进》）
>
> 颜渊死，颜路请子之车以为之椁。子曰："才不才，亦各言其子也。鲤也死，有棺而无椁。吾不徒行以为之椁，以吾从大夫之后，不可徒行也。"（《先进》）

《史记·孔子世家》

> 伯鱼年五十，先孔子卒。

是伯鱼之卒，孔子当年六十九。颜路，渊之父，少孔子六岁，最先受学于孔子。孔子既深爱颜渊，故颜路有此请。然丧礼当称家之有无，安于礼，斯能安于贫。孔子拒颜路之请，亦即其深赏颜渊之处。墨家后起，以崇礼厚葬、破财伤生讥儒家，可见其未允。

颜渊少孔子三十岁，年四十一卒，孔子年七十一，在鲁哀公之十四年。孔子曰："道之将行也与，命也。道之将废也与，命也。"（《宪问》）孔子于颜渊独寄以传道之望。亦盼身后，颜子或犹有出而行道之机会。故孔子于其先卒而发此叹。

　　颜渊死，子哭之恸。从者曰："子恸矣。"曰："有恸乎？非夫人之为恸而谁为。"（《先进》）

　　颜渊死，门人欲厚葬之。子曰："不可！"门人厚葬之。子曰："回也，视予犹父也，予不得视犹子也。非我也，夫二三子也。"（《先进》）

其父、其师均不能厚葬颜渊，其同门同学不忍坐视，终于厚葬之。孔子之叹，固是责其门人多此一举，然亦非谓诸门人必不该有此举。孔子固视颜渊犹子，诸门人平日于颜渊亦群致尊亲，岂不亦视之如兄弟，则焉能熟视其贫无以葬？但既出群力经营，其事亦自不宜过于从薄。此当时孔门师弟子一堂风义，虽在两千载之下，亦可想见如昨矣。

　　哀公问："弟子孰为好学？"孔子对曰："有颜回者好学，不迁怒，不贰过，不幸短命死矣。今也则亡，未闻好学者也。"（《雍也》）

孔子称颜子之好学，乃称其能在内心深处用功，与只注意外面才能事功上者不同。

　　子曰："回也，其心三月不违仁，其余则日月至焉而已矣。"（《雍也》）

"仁"即人心之最高境界。孔子以此为教。颜子用功绵密，故能历时三月之久，而此心常在此境界中。其余诸弟子或日一达此境界，或月一达此境界。工夫不绵密，故遂时断时续，时得时失。是孔子之深爱颜渊，固仍在此内心工夫上也。

> 颜渊喟然叹曰："仰之弥高，钻之弥坚，瞻之在前，忽焉在后。夫子循循然善诱人，博我以文，约我以礼。欲罢不能，既竭吾才，如有所立卓尔，虽欲从之，末由也已。"（《子罕》）

观此章，知颜渊之善学。"博我以文"者，如孔子告颜子以夏时、殷辂、周冕、《韶》舞之类是也。"约我以礼"者：

> 颜渊问仁。子曰："克己复礼为仁。一日克己复礼，天下归仁焉。为仁由己，而由人乎哉?"颜渊曰："请问其目。"子曰："非礼勿视，非礼勿听，非礼勿言，非礼勿动。"颜渊曰："回虽不敏，请事斯语矣。"（《颜渊》）

于大群中一己之私当克，其公之出于己者当由。视听言动皆由己，皆当约之以礼，使其己归之公而非私。颜子实践此工夫，其身心无时无刻不约束于礼之中而不复有私，故能绵密至于"不迁怒，不贰过"，"其心三月不违仁"。《易·系辞传》有曰：

> 颜氏之子，其殆庶几乎！有不善，未尝不知，知之未尝复行也。

此亦即同样道出颜子之心上工夫。惟颜子能在此心地工夫上日精日进，故能居陋巷，箪食瓢饮而不改其乐。然颜子所乐，尚有在"博文"一边者。庄周时称颜渊，亦为能欣赏颜渊之心地工夫，庄周实忽略了颜渊"博文"一边事。即以庄周语说之，庄周仅能欣赏颜渊之"内圣"，而不能欣赏及于颜渊之"外王"，是尚未能真欣赏。至于东汉人以黄宪拟颜子，谓："叔度汪汪如千顷陂，澄之不清，扰之不浊。"此特是一种虚空的局度气象，殆只以名利不入其心为能事；既不见约礼内圣之功，更不论博文外王之大矣。

> 子谓颜渊，曰："惜乎！吾见其进也，未见其止也。"（《子罕》）

今若以颜子直拟孔子，不幸其短命而死，其学问境界当亦在孔子"四十不惑"上跻"五十知天命"之阶段，而犹有"仰之弥高，钻之弥坚，瞻之在前，忽焉在后，如有所立卓尔"之叹。在颜子之瞻仰于孔子之为人与其为学者，正犹天之不可阶而升。故曰："虽欲从之，末由也已。"（《子罕》）果使颜子更高寿，年逾五十以上，其学日进，殆亦将有如孔子"人不知而不愠""知我者其天乎"之境界，而惜乎其未达此境。然后人欲寻孔子之学，则正当以颜子为阶梯。

《左传》哀公十五年：

> 卫孔圉取太子蒯聩之姊，生悝。太子在戚，入适伯姬氏，迫孔悝强盟之，遂劫以登台。卫侯辄来奔。季子将入，遇子羔将出，子羔曰："弗及，不践其难。"季子曰："食焉不辟其难。"子羔遂出。子路入，曰："太子焉用孔悝。虽杀之，必或继之。"且曰："太子无勇，若燔台半，必舍孔叔。"太子闻之惧，下石乞、盂黡敌子路，以戈击之，断缨。子路曰："君子死，冠不免。"结缨而死。孔子闻卫乱，曰："柴也其来，由也死矣。"

子羔，孔子弟子高柴，为卫大夫，遇乱出奔。劝子路，政不及己，可不践其难。子路时为孔悝之邑宰，孔悝见劫，故往救之。孔子固不予辄之拒其父，然蒯聩之返而争国，孔子亦不之许。子羔为辄远臣，并不预闻政事，孔子知其不反颜事蒯聩，必能洁身而去，故曰"柴也其来"。子路为救孔悝，孔子知其不畏难避死，必将以身殉所事，故曰"由也死矣"也。

《檀弓》：

> 孔子哭子路于中庭。有人吊者，而夫子拜之。既哭，进使者而问故。使者曰："醢之矣。"遂命覆醢。

《公羊传》：

　　颜渊死，子曰："噫，天丧予。"子路死，子曰："噫，天祝予。"

孔门前辈弟子中，子路年最长，颜渊年最幼，而同为孔子所深爱。大抵孔子在用世上，子路每为之羽翼。而在传道上，则颜渊实为其螟蛉。今两人俱先孔子亡故，此诚孔子晚年最值悲伤之事也。

　　仲弓为季氏宰，问政。子曰："先有司，赦小过，举贤才。"曰："焉知贤才而举之?"曰："举尔所知。尔所不知，人其舍诸?"（《子路》）
　　子曰："雍也可使南面。"（《雍也》）

仲弓在德行科，名列颜、闵之次，孔子许其可南面。而荀卿常以孔子、子弓并称，是亦孔门前辈弟子中之高第。其仕季氏，当亦在孔子老而反鲁之后。冉有、子路同仕季氏，或子路去卫而仲弓继之，今不可详考矣。孔子固未尝禁其门人之出仕于季氏，唯如冉有为之聚敛，乃遭斥责。然仲弓必是仕于季氏不久，故无表白可言。凡季氏之所用，如子路，如子贡，如仲弓，皆不能如冉有之信而久，而诸人间之高下亦即视此而判矣。

　　子贡问政。子曰："足食，足兵，民信之矣。"子贡曰："必不得已而去，于斯三者何先?"曰："去兵。"子贡曰："必

不得已而去，于斯二者何先?"曰:"去食。自古皆有死，民无
信不立。"(《颜渊》)

　　子曰:"赐也，女以予为多学而识之者与?"对曰:"然，
非与?"曰:"非也，予一以贯之。"(《卫灵公》)

　　子谓子贡曰:"女与回也孰愈?"对曰:"赐也何敢望回!
回也闻一以知十，赐也闻一以知二。"子曰:"弗如也。吾与女
弗如也。"(《公冶长》)

子贡仅少颜渊一岁，同为孔子前期学生中之秀杰，列言语科。孔子
自卫反鲁，子贡常为鲁使吴、齐。《左传》多载子路、冉有、子贡
三人之事，而子贡为尤多。然亦不得大用。孔子问其"与回孰愈"，
又称"吾与汝俱弗如"，见孔子于两人皆所深喜。《孟子》曰:"得
天下英才而教育之，一乐也。而王天下不与焉。"孔子晚年反鲁，
其门墙之内英才重叠，其对教育上一番快乐愉悦之情，即从"吾与
女弗如"一语中亦可想见。子贡以"闻一知二"与颜子"闻一知
十"相比，故孔子又告之以一贯之道也。

　　子贡曰:"夫子之文章，可得而闻也。夫子之言性与天道，
不可得而闻也。"(《公冶长》)

"文章"指《诗》《书》《礼》《乐》，文物制度，亦可谓之形而下。
此即孔子"博文"之教也。"性与天道"，性指人之内心深处所潜
藏，天道指天命之流行，孔子平日较少言之。孔子只教人以"约

礼",欲人于约礼中自窥见之。子贡之叹"不可得闻",亦犹颜渊之叹"末由也已"。惟颜渊之意偏在孔子之为人,子贡之意偏在孔子之为学,而两人之高下亦即于此可见。

> 子曰:"回也其庶乎!屡空。赐不受命而货殖焉,亿则屡中。"(《先进》)

古者商贾皆贵族官主,子贡则不受命于官而自为之也。《史记·货殖列传》,子贡居次,谓其:"废贮鬻财于曹、鲁之间。七十子之徒,赐最为饶益。"又曰:"子贡结驷连骑,束帛之币以聘享诸侯,所至国君无不分庭抗礼。使孔子名布扬于天下,子贡先后之也。"盖子贡以外交使节往来各地,在彼积贮,在此发卖,其事轻而易举,非若专为商贾之务于籴贱贩贵也。颜渊箪瓢屡空,孔子深赏之。子贡货殖,为中国历史上私家经商之第一人,孔子亦不加斥责。正如颜渊陋巷不仕,孔子深赏之,而如子路、仲弓、子贡、冉有之出仕,孔子亦所不禁。当时孔子门墙之内,亦如山之广大,草木生之,禽兽居之,宝藏兴焉。水之不测,鼋鼍蛟龙鱼鳖生焉,货财殖焉。所谓如天地之化育。

> 卫公孙朝问于子贡曰:"仲尼焉学?"子贡曰:"文、武之道,未坠于地,在人。贤者识其大者,不贤者识其小者,莫不有文、武之道焉。夫子焉不学,而亦何常师之有?"(《子张》)
>
> 太宰问于子贡曰:"夫子圣者与?何其多能也!"子贡曰:

"固天纵之将圣，又多能也。"（《子罕》）

此太宰当是吴太宰，即伯嚭。

> 叔孙武叔语大夫于朝曰："子贡贤于仲尼。"子服景伯以告
> 子贡。子贡曰："譬之宫墙，赐之墙也及肩，窥见室家之好。
> 夫子之墙数仞，不得其门而入，不见宗庙之美，百官之富。得
> 其门者或寡矣。夫子之云，不亦宜乎?"（《子张》）

> 叔孙武叔毁仲尼，子贡曰："无以为也。仲尼不可毁也。
> 他人之贤者，丘陵也，犹可逾也。仲尼，日月也，无得而逾
> 焉。人虽欲自绝，其何伤于日月乎? 多见其不知量也。"（《子
> 张》）

> 陈子禽谓子贡曰："子为恭也，仲尼岂贤于子乎?"子贡
> 曰："君子一言以为知，一言以为不知。言不可不慎也。夫子
> 之不可及也，犹天之不可阶而升也。夫子之得邦家者，所谓立
> 之斯立，道之斯行，绥之斯来，动之斯和。其生也荣，其死也
> 哀，如之何其可及也?"（《子张》）

陈子禽亦孔子弟子陈亢。此一问答当在孔子卒后。其时孔门诸弟子
前辈如颜渊、子路以及闵子骞、仲弓诸人皆已先卒。后辈如游、
夏、有、曾之徒，名德未显。子贡适居前后辈之间，其名誉事业早
已著闻，而晚年进德亦必有过人者。故子禽意谓先师虽贤，亦未必
胜子贡也。上引诸章，见子贡在当时昌明师道之功为伟。惟子贡仕

宦日久，讲学日少，故不能如游、夏、有、曾之见于后人之称述。此亦见孔门诸弟子先后辈时代之不同。

子游、子夏列四科中之文学，为后辈弟子中之秀出者。

> 子谓子夏曰："女为君子儒，无为小人儒。"（《雍也》）

儒业为孔子前所已有。凡来学于孔子者，初为求食来，而孔子教之以求道。志于道则为"君子儒"，志于食则为"小人儒"。然又曰："三年学，不志于谷，不易得也。"（《泰伯》）孔子弟子皆以儒业仕宦，孔子并不之非，惟孔子又教以求食勿忘道耳。

> 子夏为莒父宰，问政。子曰："无欲速，无见小利。欲速则不达，见小利则大事不成。"（《子路》）

子夏少孔子四十四岁。孔子未卒前，子夏已为邑宰。盖孔门后辈弟子已从仕易得，较前辈从学时大不同。此征孔门讲学声光日著，亦可以见世变。

> 子游为武城宰，子曰："女得人焉尔乎?"曰："有澹台灭明者，行不由径，非公事，未尝至于偃之室也。"（《雍也》）

子游少孔子四十五岁，亦少年出仕。澹台灭明由识子游，乃亦游孔子之门。《史记·仲尼弟子列传》谓："灭明南游至江，从弟子三百人，设取予去就，名施乎诸侯。"《儒林传》云："孔子卒后，子羽居楚。"孔道之行于南方，子羽有力焉。武城近吴、鲁南境，当吴、越至鲁之冲。盖亦由灭明之揄扬，故子游之名盛于吴，遂有误为子游吴人者。孔子周游反鲁，及其身后，儒学之急激发展及其影响于当时之社会者，亦可于此觇之。

> 子之武城，闻弦歌之声。夫子莞尔而笑曰："割鸡焉用牛刀？"子游对曰："昔者偃也闻诸夫子曰：'君子学道则爱人，小人学道则易使也。'"子曰："二三子！偃之言是也，前言戏之耳。"（《阳货》）

武城在鲁边境。孔子特以子游年少为宰，亲率门弟子往观政，见子游能兴庠序之教，得闻其弦歌之声，孔子意态之欢乐亦可知。然孔子叹先进于礼乐犹野人，而谓"如用之则吾从先进"。是孔子之意，终自属意于先辈弟子。德行之科者不论，即如言语政事子贡、子路，虽其文学博闻之功若或不逮于游、夏，然用世可有大展布，为后进弟子所不及。孔门先后辈从学，精神意趣、人物才具多相异，此亦世变之一端也。

孔门后辈弟子，游、夏外，又有有子、曾子。

《左传》哀公八年：

> 微虎欲宵攻王舍，私属徒七百人，三踊于幕庭，卒三百人，有若与焉。及稷门之内。或谓季孙曰："不足以害吴，而

多杀国士，不如已也。"乃止之。吴子闻之。一夕三迁。

有子少孔子三十三岁，是年有子年二十四。经三踊之选，获在三百之数，其英风可想。及孔子归，乃从学。

> 哀公问于有若曰："年饥，用不足，如之何？"有若对曰："盍彻乎？"曰："二，吾犹不足，如之何其彻也？"对曰："百姓足，君孰与不足？百姓不足，君孰与足？"（《颜渊》）

税田十取一为"彻"。哀公十二年用田赋，又使按亩分摊军费。是年及下年皆有虫灾，又连年用兵于邾，又有齐警，故说"年饥而用不足"。有若教以只税田，不加赋，针对年饥言。哀公虑国用不足，故有子言"百姓足，君孰与不足"也。不知有子当时在鲁仕何职，然方在三十时已获面对鲁君之问；较之孔子三十时情况，自见世变之亟，而儒风之日煽矣。

《孟子》：

> 子夏、子张、子游以有若似圣人，欲以所事孔子事之。强曾子。曾子曰："不可。江汉以濯之，秋阳以暴之，皭皭乎不可尚矣。"（《滕文公》下）

游、夏、子张、曾子皆当少有子十岁以上。在孔门后辈弟子中，有子年齿较尊。三子者以有子似圣人，则有子平日必有言行过人，而获同门之推信。曾子亦非不尊有子，特谓无可与孔子相拟而已。孟子曰："宰我、子贡、有若智足以知圣人。"又述有子之言曰："麒麟之于走兽，凤凰之于飞鸟，泰山之于邱垤，河海之于行潦，类也。圣人之于人，亦类也。出于其类，拔乎其萃，自生民以来，未有盛于孔子也。"有子之盛推孔子，可谓宰我、子贡以后无其伦。然有子既知孔子为生民以来所未有，则其断断不愿游、夏、子张以所以事孔子者事己亦可知。孟子亦仅言游、夏、子张欲以所事孔子者事有若，固未言有子乃果自居于师位也。

《檀弓》又载曾子责子夏，以"使西河之民疑汝于夫子"为一罪，则曾子亦知盛尊其师，当为子夏辈所不及。子夏有曰："日知其所亡，月无忘其所能，可谓好学也已矣。"（《子张》）其于为学，终不免偏于文学多闻之一面。而有、曾两子则能从孔子之学，上窥孔子之人，更近于前辈弟子中德行之一科。故孔子晚年，真能盛推孔子，以为无可企及者，子贡以下惟有、曾二子。后人谓今传《论语》多出于有、曾二子门人之所记。故《学而》首篇，第二章即有子语，第四章即曾子语。盖孔子身后，真能大孔子之传者，有、曾二子之功应犹在游、夏、子张诸人之上。惟《学而》篇首有子，次曾子，则有子地位在孔子身后诸弟子所共认中似尚在曾子之前。而《子张》篇备记子张、子夏、子游，乃及曾子、子贡之言，独不及有子。殆似有子之传学不盛，而曾子之后有子思、孟子，遂为孔门后辈弟子中独一最受重视之人。宋儒谓曾子独传孔子之学，亦不能谓其全无依据。

【疑辨二十二】

《史记·仲尼弟子列传》："孔子既没，弟子思慕。有若状似孔子，相与共立为师，师之如孔子时。"窃谓当时诸弟子欲共师有子，必以有子之学问言行有似于孔子，决不以其状貌之相似。此下有子传学不盛，声光渐淡，遂讹为状似之说，决非当时之情实也。《史记》又载有子不能对群弟子所问，遂为弟子斥其避座；语更浅陋，荒唐不足信。惟师道由孔子初立，孔子没，群弟子骤失圣师，思慕之深，欲在同门中择一稍似吾师者而师事之，此种心情非不可有。其后墨家踵起，乃有钜子之制。一师卒，由其遗命另立一师共奉之。如此则使学术传统近似于宗教传统，较之孔门远为不逮矣。故知曾子之坚拒同门之请，有子之终避师座而弗居，皆为不可及。

曾参，曾点之子，少孔子四十六岁。孔子卒，曾子年仅二十七，于孔门中最为年少。孔子称"参也鲁"，似其姿性当不如游、夏之明敏。在孔子生时，曾子似无独出于诸门人之上之证，惟孔子孙子思曾师事曾子，而孟子又师事于子思之门人，故《孟子》书中屡屡提及曾子、子思。下逮宋儒，始于孔子身后儒家中特尊孟子，又以为《大学》出于曾子，《中庸》出于子思，合《语》《孟》《学》《庸》为四书，于是孔子以下，乃奉颜、曾、思、孟为四哲。颜渊固孔子生前所亲许，惟今《论语》中乃殊不见孔子特别称许曾子语，四科亦不列曾子。是当孔子时，曾子于群弟子中尚未见为特出。曾子之成学传道，其事当在孔子之身后。而孔子之学，则当以曾子之传为最纯，由是而引生出孟子。是亦孔子生前所未预知也。

> 子曰："参乎！吾道一以贯之。"曾子曰："唯。"子出，门
> 人问曰："何谓也？"曾子曰："夫子之道，忠恕而已矣。"（《里
> 仁》）

孔子以"吾道一以贯之"告子贡，同亦以此告曾子。此乃孔子晚年
始发之新义。今试据《论语》孔子其他所言，略加申释。

> 子曰："志于道，据于德，依于仁，游于艺。"（《述而》）

孔子之道即是仁道，仁道即人道也。人道必以各自之己为基点，为
中心。故其告颜渊曰："为仁由己，而由人乎哉？"德为己心内在所
得。孔子三十而立，即是立己德也。五十而知天命，乃知己德即由
天命，故曰"天生德于予"（《述而》）。至此而天人内外本末一体。
孔子所云之"一贯"，即一贯之于此心内在之德而已。孔子不言
"性与天道"，因性自天赋，德由己立，苟己德不立，即无以明此
性；非己德亦无以行人道；人道不行，斯天道亦无由见。故孔子只
言己德与人道，而性与天道则为其弟子所少闻也。此德虽属己心内
在所得，亦必从外面与人相处，而后此德始显。故曰"据于德"，
又曰"依于仁"。从人事立己心，亦从己心处人事。仁即是此心之
德，德即是此心之仁，非有二也。依据于此而立心处世，即是
"道"。若分而言之，乃有礼、乐、射、御、书、数诸"艺"，皆为

人生日用所不可阙，亦为此心之德、之仁所当涵泳而优游。

　　太宰问于子贡曰："夫子圣者与？何其多能也！"子贡曰："固天纵之将圣，又多能也。"子闻之，曰："太宰知我乎？吾少也贱，故多能鄙事。君子多乎哉？不多也。"牢曰："子云：'吾不试，故艺。'"（《子罕》）

孔子身通六艺，时人皆以多能推孔子。然孔子所志乃在道。艺亦有道，然囿于一艺则只成小道。故孔子又称之曰"鄙事"。而孔子必教人"游于艺"，此所谓"小德川流，大德敦化"，则艺即是道而不鄙矣。

　　达巷党人曰："大哉孔子！博学而无所成名。"子闻之，谓门弟子曰："吾何执？执御乎？执射乎？吾执御矣。"（《子罕》）

执一艺即不能"游于艺"。孔子言若使我于艺有执，专主一艺以成名，则执射不如执御。因御者为人仆，其事尤卑于射。事愈卑，专执可愈无害。行道乃大事，执一艺，又焉能胜任而愉快乎？

曾子曰："夫子之道，忠恕而已矣。"尽己之心为忠，推己心以及人为恕。忠恕即己心之德也。《论语》第二章，有子即言孝弟。下至孟子，亦曰："尧舜之道，孝弟而已矣。"孝弟亦即是己心之德。有、曾、孟子三人之言忠恕、孝弟，皆极简约平易，人人可以共由，并皆有当于孔子"一贯"之旨。惟孔子言一贯，则义不尽于

此。宋儒谓《论语》此章，曾子一唯，乃是其直契孔子心传。此乃
附会之于佛门禅宗故事，决非当时之实况。

今试再推扩言之。

> 陈亢问于伯鱼曰："子亦有异闻乎？"对曰："未也。尝独
> 立，鲤趋而过庭。曰：'学《诗》乎？'对曰：'未也。'曰：
> '不学《诗》，无以言。'鲤退而学《诗》。他日，又独立。鲤趋
> 而过庭。曰：'学礼乎？'对曰：'未也。''不学礼，无以立。'
> 鲤退而学礼。闻斯二者。"陈亢退而喜曰："问一得三。闻
> 《诗》，闻礼，又闻君子之远其子也。"（《季氏》）

此见孔子平日之教其子，亦犹其教门人，主要不越"诗"与"礼"
两端。诗教所重在每一人之内心情感，礼则重在人群相处相接之外
在规范。孔子之教，心与事相融，内与外相洽，内心、外事合成一
体，而人道于此始尽。孔子之教诗、教礼，皆本于自古之相传。故
曰："述而不作，信而好古。"（《述而》）其晚年弟子中，如子夏长
于诗，子游长于礼，此皆所谓"夫子之文章可得而闻"者。然孔子
之传述诗、礼，乃能于诗、礼中发挥出人道大本大原之所在；此乃
一种极精微之传述，同时亦即为一种极高明极广大之新开创，有古
人所未达之境存其间。此则孔子之善述，与仅在述旧更无开新者绝
不同类。

抑且孔子之善述，其事犹不尽于此。孔子常言仁智。诗、礼之
教通于仁智，而仁智则超于诗、礼之上，而更有其崇高之意义与价

值。诗与礼乃孔子之述古，仁与智则孔子之阐新。惟孔子不轻以仁智许人，亦每不以仁智自居。

《孟子》：

> 子贡问于孔子曰："夫子圣矣乎？"孔子曰："圣则我不能，我学不厌而教不倦也。"子贡曰："学不厌，智也。教不倦，仁也。仁且智，夫子既圣矣。"（《公孙丑》上）

孝弟尽人所能，忠恕亦尽人所能。然孔子又曰：

> 十室之邑，必有忠信如丘者焉，不如丘之好学也。（《公冶长》）

言忠信，亦犹言孝弟、忠恕，皆属此心之德，而孔子之尤所勉人者则在学。学不厌，亦非人所不能，亦应为尽人所能。孔子自曰："十有五而志于学。"一部《论语》即以"学而时习之"开始。圣人虽高出于人人，然必指示人有一共由之路，使人可以由此路以共达于圣人之境，乃始为圣人之大仁大智。此路繁何？则曰"学"。

> 子曰："若圣与仁，则吾岂敢？抑为之不厌，诲人不倦，则可谓云尔已矣。"公西华曰："正唯弟子不能学也。"（《述而》）

孔子之告公西华，亦犹其告子贡。孔子只自谦未达其境，然固明示人以共达此境之路。千里之行，起于脚下。若为之而厌，半路歇脚，则何以至。公西华乃曰："正唯弟子不能学。"其意本欲说不能行千里，乃若说成了不能举脚起步，不知孔子教人乃正在教人举脚起步也。惟子贡所言，乃极为深通明白，学不厌即是智，教不倦即是仁。行达千里，亦只是不断地在举脚起步而已。

孔子之言仁与智，亦有一条简约平易，人人可以共由之路。

> 子曰："由！诲女知之乎？知之为知之，不知为不知，是
> 知也。"（《为政》）

此章非孔子专以诲子路，亦乃可以诲人人者。每一人皆要能分别得自己的知与不知，莫误认不知以为知。亦不当于己之不知处求，当从己之所知处求，如此自能从己之所知以渐达于己之所不知。

> 季路问事鬼神。子曰："未能事人，焉能事鬼？""敢问
> 死。"曰："未知生，焉知死？"（《先进》）

此章把人事与鬼神，生与死，作一划分。孔子只教人求知人生大道，如孝弟，如忠恕，此应尽人所可知，亦是尽人所能学。孔子不教人闯越此关，于宇宙鬼神己所不知处去求。是孔子言知，极简约平易，可使人当下用力也。

　　子曰："吾有知乎哉？无知也。有鄙夫问于我，空空如也。
　　我叩其两端而竭焉。"（《子罕》）

此鄙夫心有疑，故来问。孔子即以其所问之两端、正反、前后等罄
竭反问，乃使此鄙夫转以问变成为答。鄙夫自以其所知为答，而其
所不知亦遂开悟生知。故孔子又曰：

　　不愤不启，不悱不发。举一隅，不以三隅反，则不复也。
　　（《述而》）

孔子之循循善诱，教人由所知以渐达于所不知之境。此为孔子言知
之最简约平易处。

　　子贡曰："如有博施于民而能济众，何如？可谓仁乎？"子
　　曰："何事于仁，必也圣乎？尧舜其犹病诸！夫仁者，己欲立
　　而立人，己欲达而达人。能近取譬，可谓仁之方也已。"（《雍
　　也》）

天地万物，一切莫近于己。己欲立，始知人亦欲立。己欲达，始知
人亦欲达。知如何立己，即知如何立人。知如何达己，即知如何达
人。己之欲立达，出于己心。能尽此心，即忠。推此心以及人，即
恕。此为孔子言仁之最简约平易处。

子曰："仁远乎哉？我欲仁，斯仁至矣。"（《述而》）

人莫不各有一己，己莫不各有一心。此心无不欲己之能立能达。此心同，此欲同，即仁之体。此仁体即在己心中，故曰不远，欲之斯至也。孔子言"吾道一以贯之"，即贯之以此耳。孔子十有五而志于学，即欲立欲达也。三十而立，四十而不惑，不惑即是达。五十而知天命，则是天人一体。学不厌，教不倦，尽在其中。忠恕之道亦至是而尽也。

三、有关晚年著述部分

子曰："吾自卫反鲁，然后乐正，《雅》《颂》各得其所。"（《子罕》）

孔子以《诗》教，诗与乐有其紧密相联不可分隔之关系。中国文字特殊，诗之本身即涵有甚深之音乐情调。古诗三百，无不入乐，皆可歌唱。当孔子时，诗、乐尚为一事。然"诗言志，歌永言，声依永，律和声"，则乐必以诗为本，诗则以人之内心情志为本。有此情志乃有诗，有诗乃有歌。而诗与乐又必配于礼而行。孔门重诗教，亦重礼教，即在会通人心情志，以共达于中正和平之境。

《诗》有《雅》《颂》之别。《颂》者，天子用之郊庙，形容其祖先之盛德，即以歌其成功。又有《雅》，用之朝廷。《大雅》所陈，其体近《颂》。远自后稷、古公，近至于文王受命，武王伐殷，西周史迹，详于《诗》中之《雅》《颂》，尤过于西周之《书》。《小雅》所陈，则如饮宴宾客，赏劳群臣，遣使睦邻，秉钺专征，亦都属政治上事。故《大雅》与《颂》为天子之乐，《小雅》为诸侯之乐，《风诗》乡乐则为大夫之乐。诗与礼与乐之三者，一体相关，乃西周以来治国平天下之大典章所系。至如当孔子时，"三家者以《雍》彻"，不仅大夫专政，骄僭越礼，亦因自西周之亡，典籍丧乱，故孔子有"我观周道，幽、厉伤之"之叹。吴季札聘鲁，请观周乐，是西周以来所传诗、乐独遗存于鲁者较备。孔子周游反鲁，用世之心已淡，乃留情于古典籍之整理，而独以正乐为首事。所谓"《雅》《颂》各得其所"者，非仅是留情音乐与诗歌。正乐即所以正礼，此乃当时政治上大纲节所在。孔子之意，务使诗教与礼教合一，私人修德与大群行道合一。其正乐，实有其甚深甚大之意义存在。

孔子又曰：

> 兴于诗，立于礼，成于乐。（《泰伯》）

正因诗、礼、乐三者本属一事。孔子告伯鱼，曰："不学《诗》，无以言。"（《季氏》）又曰："不为《周南》《召南》，其犹正墙面而立。"（《阳货》）盖诗言志，而以温柔敦厚为教。故不学诗，几于无可与人言。人群相处，心与心相通之道，当于诗中求之。知于心与心相通之道，乃始知人与人相接之礼。由此心与心相通、人与人相接之诗与礼，而最后达于人群之和敬相乐。孔子之道，不过于讲求此心与心相通、人与人相接而共达于和敬相乐之一公。私人修身如此，人群相处，齐家治国平天下亦如此。凡人道相处，一切制度文为之主要意义皆在此。孔子之教育重点亦由此发端，在此归宿。惟孔门后辈弟子，如游、夏之徒，则不免因此而益多致力用心于典籍文字中，乃独于文学一科上建绩。抑在孔子时，诗、礼、乐之三者，已不免渐趋于分崩离析之境。如三家以《雍》彻，此即乐与礼相离，乐不附于礼而自为发展。孔子告颜子曰："放郑声，郑声淫。"（《卫灵公》）此即乐与诗相离，乐不附于诗而自为发展。所谓郑声淫，非指诗，乃指乐。淫者淫佚。《乐记》云："郑音好滥淫志。"《白虎通》："郑国土地民人，山居谷浴，男女错杂，为郑声以相悦怿。"此皆显示出音乐之离于诗而自为发展。至于诗与礼之相离，亦可类推。孔子正乐，《雅》《颂》各得其所，乃欲使乐之于礼于诗，重回其相通合一之本始。而惜乎时代已非，此事亦终一去而不复矣。又《檀弓》记孔子既祥五日即弹琴，在齐学《韶》，在卫击磬，晚年自卫反鲁即正乐，是孔子终其生在音乐生活中，然特是"游于艺"，即以养德明道，非是要执一艺以成名也。

【疑辨二十三】

《史记·孔子世家》："古者《诗》三千余篇，及至孔子，去其重，取可施于礼义，上采契、后稷，中述殷、周之盛，至幽、厉之缺，三百五篇。"此谓孔子删《诗》。其说不可信。《论语》："《诗三百》，一言以蔽之曰思无邪。"（《为政》）又曰："诵《诗三百》，授之以政，不达。使于四方，不能专对。虽多，亦奚以为。"（《子路》）是孔子时《诗》止三百，非经孔子删定为三百也。吴季札聘鲁观周乐，所歌十五国风皆与今《诗》同，非孔子删存此十五国风诗也。《诗·小雅》，大半在宣、幽之世，夷王以前寥寥无几，孔子何以删其盛而存其衰？以《论》《孟》《左传》《戴记》诸书引《诗》，逸者不及十之一，是孔子无删《诗》之事明矣。

孔子于正乐外，又作《春秋》，为晚年一大事。

《孟子》：

> 世衰道微，邪说暴行有作，臣弑其君者有之，子弑其父者有之。孔子惧，作《春秋》。《春秋》，天子之事也，是故孔子曰："知我者，其惟《春秋》乎！罪我者，其惟《春秋》乎！"（《滕文公》下）

又曰：

> 孔子成《春秋》而乱臣贼子惧。（《滕文公》下）

又曰：

> 王者之迹熄而《诗》亡，《诗》亡然后《春秋》作。晋之《乘》，楚之《梼杌》，鲁之《春秋》，一也。其事则齐桓、晋文，其文则史。孔子曰："其义则丘窃取之矣。"（《离娄》下）

《史记·孔子世家》

　　鲁哀公十四年春，狩大野。叔孙氏车子鉏商获兽，以为不祥。仲尼视之，曰："麟也。"取之。颜渊死，孔子曰："天丧予。"及西狩见麟，曰："吾道穷矣。"乃因《史记》作《春秋》，上至隐公，下迄哀公十四年，十二公。约其文辞而指博。故吴、楚之君自称王，而《春秋》贬之曰"子"。践土之会，实召周天子，而《春秋》讳之曰："天王狩于河阳。"推此类以绳当世，贬损之义，后有王者举而开之，《春秋》之义行，则天下乱臣贼子惧焉。孔子在位，听讼文辞，有可与人共者，弗独有也。至于为《春秋》，笔则笔，削则削，子夏之徒不能赞一辞。

孔子《春秋》绝笔于获麟，非感于获麟而始作《春秋》。是年四月，陈恒执齐君，置于舒州，六月而弑之。孔子年七十一，沐浴请讨，鲁君臣莫之应。可证当时已无复知篡弑之为非矣。是春适有西狩获麟之事，孔子感于此而辍简废业，《春秋》遂以是终。不惟孔子《春秋》不终于哀公之二十七年，即哀公十四年之夏秋冬三时，亦出后人所续，非孔子之笔。至于孔子作《春秋》究始何年，则无可考。

　　《诗》有《雅》《颂》，实乃西周初起乃及文武成康盛时之历史，其说已详前。宣王以后，《雅》《颂》既衰，而其时则有史官，并由中央分派散居列国，故曰："《诗》亡而后《春秋》作。"《晋语》，羊舌肸习于《春秋》。《楚语》，申叔时论傅太子云："教之以《春秋》。"《墨子·明鬼》篇，有周、燕、宋、齐之《春秋》。可见《春秋》乃当时列国史官记载之公名，晋《乘》、楚《梼杌》，为其别名。《左传》鲁昭公二年，晋韩宣子在鲁，见《易象》与《春秋》，曰："周礼尽在鲁矣。"是史官与《春秋》在当时皆属礼。孔子作《春秋》，即其生平重礼的一种表现。孔子《春秋》因于鲁史旧文，故曰"其文则史"。然其内容不专着眼在鲁，而以有关当时列国共通大局为主，故曰"其事则齐桓、晋文"。换言之，孔子《春秋》已非一部国别史，而实为当时天下一部通史。

其史笔亦与当时史官旧文有不同。如贬吴、楚为"子"，讳诸侯召天子曰"天王狩于河阳"。于记事中寓大义，故曰"其义则丘窃取之"。此义，当推溯及于西周盛时王室所定之礼，故曰"《春秋》天子之事也"。孔子以私人著史，而自居于周王室天子之立场，故又曰"知我者其惟《春秋》，罪我者亦惟《春秋》"也。其实孔子亦非为尊周王室，乃为遵承西周初年周公制礼作乐之深心远意，而提示出其既仁且智之治平大道，特于《春秋》二百四十年之历史事实中寄托流露之而已。

孔子之著史作《春秋》，其事一本于礼。而孔子之治礼，其事亦一本于史。

　　子张问："十世可知也？"子曰："殷因于夏礼，所损益可知也。周因于殷礼，所损益可知也。其或继周者，虽百世可知也。"（《为政》）

古人以父子相禅三十年为一世。十世当得三百年，百世当得三千年。孔子心中，未尝认有百世一统相传之天子与王室，特认有百世一统相传之礼。礼有常，亦有变。必前有所因，是其常。所因必有损益，是其变。

《孟子》：

> 子贡曰："见其礼而知其政，闻其乐而知其德。由百世之后，等百世之王，莫之能违也。自生民以来，未有夫子也。"（《公孙丑》上）

孔子即观于其世王者所定之礼乐，即知其王之政与德。居百世之后，观百世之上，为之次第差等，而无有违失。能前观百世，斯亦能后观百世。观其礼，而知其世。

> 子曰："夏礼，吾能言之，杞不足征也。殷礼，吾能言之，宋不足征也。文献不足故也。足，则吾能征之矣。"（《八佾》）

孔子所言礼，包括全人生。其言史，亦包括全人生。故其言礼即犹言史，言史亦犹言礼。夏、殷两代史迹多湮，典籍沦亡，贤者凋零，若已无可详考；而孔子犹能言之者，周代之礼，即上因于夏、殷，孔子凭当身之见闻，好古敏求，本于人道之会通而溯其损益之由来，历史演变之全进程，可以心知其意；而欲语之人人，则终有无征不信之憾也。

　　子曰："周监于二代，郁郁乎文哉！吾从周。"（《八佾》）

孔子虽好古敏求，能言夏、殷之礼，然折衷而言，主从周代。盖历史演进，礼乐日备，文物日富，故孔子美之也。

　　子曰："甚矣吾衰也！久矣吾不复梦见周公！"（《述而》）

孔子志欲行道于天下，古人中最所心仪向往者为周公。故每于梦寐中见之。及其老，知行道天下之事不可得，无是心，乃亦无是梦矣。叹己之衰，而叹世之心则更切。然孔子曰："如有用我者，吾其为东周乎！"（《阳货》）则孔子若得志行道，其于周公之礼乐，亦必有所损益可知。其修《春秋》，亦即平日梦见周公之意。托于此二百四十二年之史事，正名号，定是非，使人想见周公以礼治天下之宏规。此后汉儒尊孔子为"素王"，称其"为汉制法"，则知孔子之言礼，与其言史精神一贯，义无二致也。

　　无历世不变之史，斯亦无历世不变之礼。

　　子曰："麻冕，礼也。今也纯，俭，吾从众。拜下，礼也，今拜乎上，泰也。虽违众，吾从下。"（《子罕》）

此孔子言礼主变通，不主拘守之一例。

　　林放问礼之本，子曰："大哉问！礼，与其奢也宁俭。丧，
　　与其易也宁戚。"（《八佾》）

知礼之本，斯知礼之变。

　　子曰："人而不仁如礼何，人而不仁如乐何。"（《八佾》）

知孔子言礼乐，其本在仁。而又曰"克己复礼为仁"，则仁、礼二
者内外回环，亦是"吾道一以贯之"也。

【疑辨二十四】

　　《史记·孔子世家》复曰："孔子之时，周室微而礼乐废，《诗》
《书》缺。追迹三代之礼，序《书传》。"又曰："孔子晚而喜《易》，
序《彖》、系《象》、《说卦》、《文言》。"此言序《书传》、作《易》
十翼两事，皆不可信。盖西汉武帝时重尊孔子，其时已距孔子卒后
三百四十年；从遗经中寻求孔子，遂更重孔门文学之一科。孔子以
礼、乐、射、御、书、数六艺教，而汉人易以《诗》《书》《礼》
《乐》《易》《春秋》为六艺。又称孔子叙《书传》，删《诗》，订
《礼》正《乐》，作《易》十翼与《春秋》。汉儒谓六艺皆经孔子整
理。司马迁曰："余读孔氏书，想见其为人。"是皆以《诗》《书》
六艺为孔氏书也。然西汉诸儒兴于秦人灭学之后，起自田亩，其风
尚朴，亦犹孔门之有先进。东汉今文十四博士之章句可勿论，即许

慎、郑玄辈亦如孔门后进之文学科。由此激而为清谈。而当时孔门教育精神遂更失其重点之所在矣。

第八章　孔子之卒

一、孔子之卒与葬

《左传》哀公十六年：

夏四月己丑，孔丘卒。

是年，孔子年七十三。

【疑辨二十五】

《戴记·檀弓》篇："孔子蚤作，负手曳杖，消摇于门，歌曰：

'泰山其颓乎！梁木其坏乎！哲人其萎乎！'子贡闻之，趋而入。子曰：'予畴昔之夜，梦坐奠于两楹之间，予殆将死也。'盖寝疾七日而殁。"今按：《论语》载孔子言，皆谦逊无自圣意，此歌以泰山、梁木、哲人自谓，又预决其死于梦兆，亦与孔子平日不言怪力乱神不类。恐无此事。因后人多传述此歌，故仍附载于此。

《左传》哀公十六年：

孔丘卒，公诔之，曰："旻天不吊，不憖遗一老，俾屏余一人以在位。茕茕余在疚。呜呼哀哉尼父，无自律。"子贡曰："君其不没于鲁乎。夫子之言曰：'礼失则昏，名失则愆。失志为昏，失所为愆。'生不能用，死而诔之，非礼也。称一人，非名也。君两失之。"

鲁之君臣虽不能用孔子，而心亦知敬，故死犹诔之。然曰"余一人"，此乃天子自称之辞。子贡亦知纠其愆。此见孔子讲学精神不随孔子之没而俱亡。然孔子亦以此终不能见用于当世。

《檀弓》：

孔子之丧，门人疑所服。子贡曰："昔者夫子之丧颜渊，若丧子而无服。丧子路亦然。请丧夫子，若父而无服。"

《史记·孔子世家》：

孔子葬鲁城北泗上，弟子皆服三年。三年心丧毕，相诀而去，则哭，各复尽哀。或复留。惟子贡庐于冢上凡六年，然后去。

《孟子》：

孔子没，三年之外，门人治任将归，入揖于子贡，相向而哭，皆失声，然后归。子贡反，筑室于场，独居三年，然后归。（《滕文公》上）

《史记·孔子世家》：

弟子及鲁人，往从冢而家者，百有余室，因命曰孔里。鲁世世相传，以岁时奉祠孔子冢。而诸儒亦讲礼《乡饮》《大射》于孔子冢。孔子冢大一顷。故所居堂，弟子内，后世因庙藏孔子衣冠琴车书。至于汉二百余年不绝。高皇帝过鲁，以太牢祠焉。诸侯卿相至，常先谒，然后从政。

《史记·儒林传》：

高皇帝诛项籍，举兵围鲁，鲁中诸儒尚讲诵习礼乐，弦歌之音不绝。

观此，知孔子身后受世尊敬，实远超于此下百家之上而无可伦比，固不自汉武帝表章六经后始然也。

二、孔子之后世

《史记·孔子世家》：

> 孔子生鲤，字伯鱼。伯鱼年五十，先孔子卒。伯鱼生伋，字子思，年六十二。尝困于宋，子思作《中庸》。子思生白，字子上，年四十七。子上生求，字子家，年四十五。子家生箕，字子京，年四十六。子京生穿，字子高，年五十一。子高生子慎，年五十七，尝为魏相。子慎生鲋，年五十七，为陈王涉博士，死于陈下。鲋弟子襄，年五十七，尝为孝惠皇帝博士，迁为长沙太傅，长九尺六寸。子襄生忠，年五十七。忠生武，武生延年及安国，安国为今皇帝博士，至临淮太守，早卒。

自伯鱼下迄安国共十一代。孔子开私家讲学之先声，战国百家竞起。然至汉室，不少皆仅存姓氏，其平生之详多不可考。独孔子一人，不仅其年数行历较诸家为特著，而其子孙世系四百年绵延，曾无中断。此下直迄于今，自孔子以来已两千年七十余代，有一嫡系相传，此惟孔子一家为然。又若自孔子上溯，自叔梁纥而至孔父嘉，又自孔父嘉上溯至宋微子，更自微子上溯至商汤，自汤上溯至契，盖孔子之先世代代相传，可考可稽者又可得两千年。是孔子一家自上至下乃有四千年之谱牒，历代递禅而不辍，实可为世界人类独特仅有之一例。

三、孔门七十子儒学之流衍

《史记·儒林传》：

> 自孔子卒后，七十子之徒散游诸侯。大者为师傅卿相，小者友教士大夫，或隐而不见。故子路居卫，子张居陈，澹台子羽居楚，子夏居西河，子贡终于齐。如田子方、段干木、吴起、禽滑厘之属，皆受业于子夏之伦，为王者师。

盖自孔子身后，儒者之际遇，儒学之流衍，皆非孔子生前可比，而战国百家言遂亦以之竞起，其精神气运则皆自孔子启之也。

孔子年表

鲁襄公二十二年　（西历纪元前五五一年）孔子生。

鲁襄公二十四年　孔子年三岁。父叔梁纥卒。

鲁昭公七年　　　孔子年十七岁。母颜徵在卒在前。

鲁昭公九年　　　孔子年十九岁。娶宋开官氏。

鲁昭公十年　　　孔子年二十岁。生子鲤，字伯鱼。

鲁昭公十七年　　孔子年二十七岁。郯子来朝，孔子见之，学古官
　　　　　　　　名。其为鲁之委吏、乘田当在前。

鲁昭公二十年　　孔子年三十岁。孔子初入鲁太庙当在前。琴张从
　　　　　　　　游，当在此时，或稍前。孔子至是始授徒设教。
　　　　　　　　颜无繇、仲由、曾点、冉伯牛、闵损、冉求、仲
　　　　　　　　弓、颜回、高柴、公西赤诸人先后从学。

鲁昭公二十四年　孔子年三十四岁。鲁孟厘子卒，遗命其二子孟懿子及南宫敬叔师事孔子学礼。时二子年十三，其正式从学当在后。

鲁昭公二十五年　孔子年三十五岁。鲁三家共攻昭公，昭公奔于齐，孔子亦以是年适齐，在齐闻《韶》乐。齐景公问政于孔子。

鲁昭公二十六年　孔子年三十六岁。当以是年反鲁。

鲁昭公二十七年　孔子年三十七岁。吴季札适齐反，其长子卒，葬嬴、博间，孔子自鲁往观其葬礼。

鲁定公五年　孔子年四十七岁。鲁阳货执季桓子。阳货欲见孔子，当在此后。

鲁定公八年　孔子年五十岁。鲁三家攻阳货，阳货奔阳关。是年，公山弗扰召孔子。

鲁定公九年　孔子年五十一岁。鲁阳货奔齐。孔子始出仕，为鲁中都宰。

鲁定公十年　孔子年五十二岁。由中都宰为司空，又为大司寇。相定公与齐会夹谷。

鲁定公十二年　孔子年五十四岁。鲁听孔子主张堕三都。堕郈，堕费，又堕成，弗克。孔子堕三都之主张遂陷停顿。

鲁定公十三年　孔子年五十五岁。去鲁适卫。卫人端木赐从游。

鲁定公十四年　孔子年五十六岁。去卫过匡。晋佛肸来召，孔子欲往，不果，重反卫。

鲁定公十五年	孔子年五十七岁。始见卫灵公，出仕卫，见卫灵公夫人南子。
鲁哀公元年	孔子年五十八岁。卫灵公问陈，当在今年或明年，孔子遂辞卫仕。其去卫，当在明年。
鲁哀公二年	孔子年五十九岁。卫灵公卒，孔子在其卒之前或后去卫。
鲁哀公三年	孔子年六十岁。孔子由卫适曹又适宋，宋司马桓魋欲杀之，孔子微服去，适陈。遂仕于陈。
鲁哀公六年	孔子年六十三。吴伐陈，孔子去陈。绝粮于陈、蔡之间，遂适蔡，见楚叶公。又自叶反陈，自陈反卫。
鲁哀公七年	孔子年六十四岁。再仕于卫，时为卫出公之四年。
鲁哀公十一年	孔子年六十八岁。鲁季康子召孔子，孔子反鲁。自其去鲁适卫，先后凡十四年而重反鲁。此下乃开始其晚年期的教育生活，有若、曾参、言偃、卜商、颛孙师诸人皆先后从学。
鲁哀公十二年	孔子年六十九岁。子孔鲤卒。
鲁哀公十四年	孔子年七十一岁。颜回卒。齐陈恒弑其君，孔子请讨之，鲁君臣不从。是年，鲁西狩获麟，孔子《春秋》绝笔。《春秋》始笔在何年，则不可考。
鲁哀公十五年	孔子年七十二岁。仲由死于卫。
鲁哀公十六年	（西历纪元前四七九年）孔子年七十三岁，卒。

附录一　读胡仔《孔子编年》

　　胡仔字元任，尝辑诗话，所谓苕溪渔隐者是也。其为《孔子编年》，乃奉其父舜陟汝明之命。舜陟序其书在绍兴八年，有曰：

　　　　孔子动而世为天下道，行而世为天下法者，杂出于《春秋》三传、《礼记》、《家语》与夫司马迁《世家》，而又多伪妄，惟《论语》为可信，足以证诸家之是非。予令小子仔采撷其可信者而为《编年》。

《四库提要》论其书则曰：

　　　　自周秦之间，谶纬杂书，一切诡异神怪之说，率托诸孔子，大抵诞谩不足信。仔独依据经传，考寻事实，大旨以《论语》为主而附以他书，其采摭颇为审慎。惟不免时有牵合，尤失于穿凿。然由宋以后，纂集圣迹者，其书众多，亦猥杂日甚。仔所论次犹为近古，故录冠传记之首，以见滥觞所自。

余读其书，采摭颇广，而考订则疏。其所引皆不举其出处，厥为一大疏失。先秦古籍，其可信与不可信，往往相差甚远。睹其书名，即可逆揣其可信之程度。胡氏书既将所引书名全略去，又有所引异书而缀之同条之下，其为牵合穿凿尤甚。并仅有编次，不加考订，更见其疏。盖自《史记·孔子世家》以下撰写孔子传者，惟此为第一部。自朱子出而学术界考订之功遂日臻精密。胡氏书在朱子前，可见滥觞所自，固不得以后人著述体例相绳也。

又其书虽以《论语》为主，而编入《论语》诸章亦备见疏失。举其易见者：如《论语·八佾》篇"子入太庙"章，胡氏书编入鲁定公九年，孔子年五十一。孔子之始入鲁太庙，决当在此以前，并当在年少时，故或人讥之曰"鄹人之子"。若在孔子五十一岁之年，已在鲁为显仕，或人固不当以鄹人之子讥之。此则细诵《论语》原文而可知其非矣。

又如《论语·先进》篇"子路、曾晳、冉有、公西华侍坐"章，胡氏书编入鲁哀公十二年，孔子年六十九。今按：本章当编次于孔子五十岁前初期讲学时，则情辞宛符。今编次于孔子晚年后期讲学之时，则显与《论语》本章原文不合。孔子之问四子，曰："如或知尔，则何以哉？"知其时四子皆未获用于时。及孔子仕鲁，行乎季孙，子路已为季氏宰。及孔子晚年反鲁，冉有亦已为季氏宰，方大见任用。孔子何为在其后又有"如或知尔"之问？子路、冉有之对，核之在鲁哀公十二年时两人之仕历与地位，遥为不称。此亦细诵《论语》原文而可知其非者。

又如《论语·季氏》篇"季氏将伐颛臾"章，胡氏书编入鲁定公五年，孔子年四十七。此可谓大背情实。此时孔子尚未出仕，子路、冉有方从学于孔子门下，无由先与季氏有缘。何为季氏将伐颛臾，而两人为之先容于孔子。且季路、冉有两人相差二十年，故四子言志，子路序列在冉有之前；而此章冉有转列子路前。又孔子独责冉有，曰："求！无乃尔是过与？"下文亦冉有独答，可见此事应由冉有负责。若以移列孔子晚年归鲁，冉有为季氏宰，见信用事，而子路亦同时仕于季氏，则情事适切矣。

又如《论语·子张》篇"叔孙武叔语大夫于朝"，及"叔孙武叔毁仲尼"两章，胡氏书皆以编入鲁定公八年孔子年五十。时孔子始出仕，尚未显用，叔孙何为遽公然毁之于朝？抑且子贡少孔子三十一岁，孔子五十一岁时为鲁司寇，子贡方年二十，今年尚仅十九岁，疑尚未从学于孔子。而叔孙之言曰"子贡贤于仲尼"，可知此章当在孔子晚年，子贡见用于鲁，于外交上屡著绩效，声誉方隆，故叔孙疑其贤于孔子也。

以上皆引用《论语》原文，未经细考，而可显见其误者。亦有引用他书，不旁参之《论语》而误者。如季康子召冉求，胡氏书编入鲁哀公三年，孔子年六十。此据《史记·孔子世家》。然《论语·述而》篇"冉有曰夫子为卫君乎"章，是冉有乃从孔子自陈反卫，必无自陈反鲁之事。冉有之归鲁，当在反卫之后，不在季桓子甫卒之岁。据《论语》而《史记》之误自显。胡氏父子知诸家书记孔子行事多伪妄，惟《论语》为可信，而又不本《论语》以证诸家之是非，何耶？

又如孔子与于蜡宾，言偃在侧，胡氏书列此于鲁定公十一年，孔子年五十三。其年其事，胡氏本之《孔子家语》及《小戴记》之《礼运》篇。然考《史记·仲尼弟子列传》，子游少孔子四十五岁，则孔子五十三岁时子游年仅八岁。孔子五十五岁去鲁，子游年十岁，其时尚未从游。孔子厄于陈、蔡之间，子游年亦仅十六，决不遽以文学称。孔子反鲁，子游年二十三，其从游应在孔子反鲁之后。《论语·先进》篇"子曰从我于陈、蔡者皆不及门也"章，下附德行、言语、政事、文学四科十哲，则断非孔子当时之语。若记孔子当时语，则十哲应称名，不称字。即此可证四科十哲乃《论语》编者所附记。子游决不在相从陈、蔡之列，更何从侍孔子为司寇时与于蜡之祭乎？至言大同、小康，所关何等重大！既不见于《论语》，则《礼运》篇亦属可疑。此不详论。

又如《左氏传》鲁昭公十二年楚子狩于州来一长篇，下附仲尼曰："古也有志，克己复礼仁也，信善哉！楚灵王若能如是，岂其辱于乾谿。"胡氏书引以编入孔子二十二岁时。《论语·颜渊》篇"颜渊问仁"章，孔子答以"克己复礼为仁"，明是孔子自己语，非称引前人语。孔子以仁为教，乃孔子之最大教义，亦由孔子最先主张。仁、礼并举，《论语》屡见。若"克己复礼为仁"一语乃孔子称引前人语，孔子为何抹去此前人名字不提？又孔子自所发明之重要主张又何在？王应麟《困学记闻》据《论语》疑《左传》，是也。胡氏书引《左传》此条，则何以解《论语》？此乃有关考论孔子学术思想之最大要端，较之何事在何年之编排，其重要性超出远甚，而胡氏不能辨。则其书他处之不能获得孔子生平言行之要领亦可知矣。

胡舜陟序列举《春秋》三传、《礼记》《家语》及司马迁《世家》，独不及《孟子》。孟子亲受业于子思之门人，其去孔子为时不远，又曰："乃我所愿则学孔子。"故孟子述及孔子，其重要性应尤在《左传》诸书之上。胡氏书殆因《孟子》书中语若无关于其逐事编年之具体需要，遂忽弃不加注意，是亦一大缺失。

《孟子·万章》篇有曰："孔子之仕也，未尝有所终三年淹也。孔子有见行可之仕，有际可之仕，有公养之仕。于季桓子，见行可之仕也。于卫灵公，际可之仕也。于卫孝公，公养之仕也。"又曰："孔子之去齐，接淅而行。去鲁，曰：'迟迟吾行也。'去父母国之道也。可以速而速，可以久而久，可以处而处，可以仕而仕，孔子也。"《孟子》此两条发挥孔子进退出处行止之义，大可阐发。胡氏书有称引，无考订，无阐发，此为其书缺失所在。据孟子语，孔子在齐未仕，又其去也速，则断无久淹在齐达于七年之久之事。胡氏书编列鲁昭公二十五年孔子三十五至齐，鲁昭公三十一年孔子年四十一去齐反鲁，前后共七年，其误显然。

孟子语最费研讨者，为"未尝有所终三年淹"一语。胡舜陟序谓："孔子去鲁凡十三年，适卫者五，适陈、适蔡者再，适曹、适宋、适郑、适叶、适楚者一，而复自卫反鲁。"此据《史记·孔子世家》，而实为《孟子》"未尝终三年淹"一语所误。实则孟子语当通读其上下文，乃指孔子之出仕而言。其先在卫当逾四年，而受禄出仕则不足三年。其在陈亦逾三年，其受禄出仕亦当不足三年。及其再反卫亦滞留逾四年，其受禄而仕果亦不出三年与否，今已不可详定。岂其于卫孝公仅"公养之仕"，虽亦受禄，与灵公时"际可之仕"不同，故《孟子》"未尝终三年淹"之语，独于其仕卫孝公不严格绳之乎！至于适叶、适楚乃属一事，而胡氏书亦分别编年，其误更不必辨。

要之，胡氏书仅知称引，逐年编列，无考订，无阐发，牵合穿凿，一若全成定论，使读其书者全不见有问题曲折之所在。此其所以采摭虽勤，纵若审慎，果以后起之著述绳之，终为相差犹远也。

附录二　读崔述《洙泗考信录》

考证之学，自宋以后，日精日密，迄于清而大盛。其成绩超迈前人。有关讨论孔子生平历年行事者亦日详日备。清初负盛名有崔述东壁《洙泗考信录》五卷，历考孔子终身之事而次第厘正之，附之以辨。又为《洙泗考信余录》三卷，一一兼考孔门诸弟子，以与孔子行事相阐发。其精密详备，并为后起者所莫能及。迄于近代，盛推清儒考据，而《东壁遗书》几于一时人手一编。然余读其书，亦多疑古太甚，驳辨太刻之额。其遍疑群书犹可，至于疑及《论语》，则考论孔子生平行事，乃无可奉一书以为之折衷，亦惟折衷于作者一人之私见，斯其流弊乃甚大。兹篇摘举数例，以纠其失。非于崔氏争短长，乃为治考证之学者提出一可值注意之商榷耳。

《史记·孔子世家》："防叔生伯夏，伯夏生叔梁纥。"崔氏曰：

此文或有所本，未敢决其必不然。然《史记》之诬者十七八，而此文又不见他经传，亦未敢决其必然，故附次于《备览》。

今按：此考孔子先世。伯夏其人无所表现，宜其不见于其他之经传。然《史记》若无所本，何为于防叔与叔梁纥之间特加此一世？《史记》之诬诚不少，然乃误于其所本，非无本而伪造也。全部《史记》中，不见其他古籍者多矣，若以崔氏此意绳之，则《史记》将成为不可读。今考孔子生平行事，其先世如伯夏，无大关系，略而不论可也。而崔氏竟因此旁涉及《史记》，谓其所载"未敢决其必不然"，又"未敢决其必然"，此其疑古太猛，有害于稽古求是者之心胸，故特举此以为例。

又《史记·孔子世家》："孔子生鲁昌平乡陬邑。"崔氏亦以入《备览》。此亦因其所载未见他书，故未敢决其必然。与前例之意同。则岂司马迁之为《史记》，果惯为伪造乎？苟有坚强反证，虽其事屡见，亦属可疑。如无反证，即属单文独出，亦不必即此生疑。又何况其在古籍，乌得事事必求其同见他书？此皆崔氏疑古太猛之心病。

《孔子世家》又云："祷于尼丘，得孔子，生而首上圩顶，故因名曰丘，字仲尼。"崔氏说之曰：

此说似因孔子之名字而附会之者，不足信。且既谓之因于祷，又谓之因于首，司马氏已自无定见矣。今不录。

此又较入《备览》者加深一层疑之。然若鲁邦确有尼丘，则因祷之说不便轻疑。又若孔子首确是圩顶，则因首之说亦不用轻疑。司马迁博采前说而两存之，其果两有可信否？抑一可信而一不可信乎？不可无证而轻断。崔氏疑古太猛，将使读古书者以轻心掉之，而又轻于下断，病不在前人之书，特在治考证者之轻心，此又不可不知也。然而崔氏此书，材料之搜罗不厌琐碎，考辨之严格又纤屑不苟，其长处正可于短处推见。此则待读者之善于分别而观，勿悬一节以概之可也。

《论语·微子》篇："齐景公待孔子，曰：'若季氏，则吾不能，以季、孟之间待之。'曰：'吾老矣，不能用也。'孔子行。"崔氏列此章于《存疑》，辨之曰：

《孟子》但言"去齐，接淅而行"，未尝言其何故。独《论语·微子》篇载齐景公之言云云。然考其时势，若有不符者。孔子在昭公世未为大夫，班尚卑，望尚轻，景公非能深知圣人者，何故即思以上卿待之？而云"若季氏则吾不能"也。景公是时年仅四十五岁，后复在位二十余年，岁会诸侯，赏战士，与晋争霸，亦不当云"老不能用"也。《微子》一篇，本非孔氏遗书，其中篇残简断，语多不伦，吾未敢决其必然。姑存之于"接淅而行"之后，以俟夫好古之士考焉。

今按：孔子去齐之时，已离委吏、乘田之职，开门授徒，从学者四方而至，不得谓之"班尚卑，望尚轻"。景公初见，问以为政之道，而知钦重，欲尊以高位，赐以厚禄，此非必不可有之事。继则或受谗间，或自生退转，持意不坚，此正崔氏所谓"非能深知圣人"也。其曰"吾老矣，不能用"，或出推托之辞，或自惭不足以行孔子之大道，仅知会诸侯，争伯位，明非孔子之所欲望于时君者。《微子》篇所载景公两语，绝不见有可疑之迹。若仅考景公年岁，则是据欧阳修之年龄而疑《醉翁亭记》之不可信也。有是理乎？

而其"《微子》一篇本非孔氏遗书"一语，更须商讨。余之《论语新解》本朱子意说此篇有云："此篇多记仁贤之出处，列于《论语》之将终，盖以见孔子之道不行，而明其出处之义也。"又曰："本篇孔子于三仁、逸民、师挚八乐官，皆赞扬而品列之。于接舆、沮溺、荷蓧丈人，皆惓惓有接引之意。盖维持世道者在人，世衰而思人益切也。本篇末章特记八士集于一家，产于一母，祥和所钟，玮才蔚起；编者附诸此，思其盛，亦所以感其衰也。"则又乌见所谓篇残而简断者。崔氏又曰："此篇记古人言行，不似出于孔氏门人之手。"是不了于本篇编撰之意而轻疑也。崔氏又于接舆、沮溺、荷蓧三章皆列《存疑》。子路之告荷蓧丈人有曰："君子之仕也，行其义也。道之不行，已知之矣。"此即晨门所谓"知其不可而为之"也。崔氏则曰："分行义与行道为二，于理亦系未安。"此则失于考证，亦遂失于义理，其所失为大矣。崔氏并不能详举《微子》篇本非孔子遗书之明确证据，遂轻率武断"齐景公待孔子"章与接舆、沮溺、荷蓧三章为可疑。然即谓此四章可疑，以证《微子》篇之可疑，此乃循环自相为证，皆空证，非实证也。

《论语·阳货》篇："公山弗扰以费畔，召，子欲往。子路不说，曰：'末之也已，何必公山氏之之也？'子曰：'夫召我者而岂徒哉？如有用我者，吾其为东周乎！'"崔氏于此章备极疑辨之辞，此不详引而引其最要者，曰：

> 《左传》：费之叛在定公十二年夏。是时孔子方为鲁司寇，听国政。弗扰，季氏之家臣耳，何敢来召孔子？孔子方辅定公以行周公之道，乃弃国君而佐叛夫，舍方兴之业而图未成之事，岂近于人情耶？《史记》亦知其不合，故移费之叛于定公九年。《史记》既移费叛于九年，又采此文于十三年，不亦先后矛盾矣乎？

今按：余《论语新解》辨其事有曰："弗扰之召，当在定公八年。阳货入谨阳关以叛，其时弗扰已为费宰，阴观成败，虽叛形未露，然据费而遥为阳货之声援，即叛也，故《论语》以叛书。时孔子尚未仕。弗扰为人与阳货有不同，即见于《左传》者可知。其召孔子，当有一番说辞。或孔子认为事有可为，故有欲往之意。"若如余《新解》所释，孔子欲往，何足深疑？《论语》之文简质，正贵读者就当时情事善作分解，不贵于绝不可信处放言滥辨。且《史记》已移弗扰叛在定公九年，其事亦本之《左传》；《论语》此章，《史记》又载于定公之十三年；此正《史记》之疏。崔氏不深辨，而辞锋一向于《论语》之不可信，此诚崔氏疑古之太猛耳。

崔氏又曰：

> 然则《论语》亦有误乎？曰：有。《汉书·艺文志》云："《论语》古二十一篇出孔子壁中。齐二十二篇多《问王》《知道》。鲁二十篇。"何晏《集解》序云："齐二十二篇，其二十篇中章句颇多于《鲁论》。"是《齐论》与《鲁论》互异。《汉书·张禹传》云："始鲁扶卿及夏侯胜、王阳、萧望之、韦玄成皆说《论语》，篇第或异。"是《鲁论》中亦自互异。果孔门之原本，何以彼此互异？其有后人之所增入明甚。盖诸本所同者，必当日之本。其此有彼无者，乃传经者续得之于他书而增入之者也。是以《季氏》以下诸篇，文体与前十五篇不类。其中或称孔子，或称仲尼，名称亦别。而每篇之末，亦间有一二章与篇中语不类者。非后人有所续入而何以如是？

今按：崔氏此处辨《论语》，当分两端论之。一则谓《古论》《齐论》《鲁论》章句篇第有异，一则谓《季氏》以下五篇文体与前十五篇不类。此属两事，而崔文混言之，则非矣。余五十年前旧著《论语要略》，第一章《序说·论语之编辑者及其年代》，其中颇多采崔氏之说。越后读书愈多，考辨愈谨，乃知读《论语》贵能逐章逐句细辨；有当会通孔子生平之学说行事而定，有当会通先秦诸事之离合异同而定。乃知《论语》中亦间有可疑，然断不能如崔氏之辨之汗漫而笼统。及四十年后著《新解》，乃与四十年前著《要略》，自谓稍稍获得有进步。乃能摆脱崔氏之牢笼，不敢如崔氏疑古之猛，务求斟酌会通以定于一是。故去年为《孔子传》，较之《要略》第二章《孔子之事迹》，取舍从违之间亦复多异。读者能加以比观，其中得失自显，今亦不烦于崔氏书多加驳辨。

《论语·雍也》篇"子见南子"章，崔氏据孔安国注辨其可疑。余之《孔子传》对此事已详加分析，此不再论。惟崔氏又因此章疑及《论语》之他章，其言曰：

> 此章在《雍也》篇末，其后仅两章。篇中所记虽多醇粹，然诸篇之末，往往有一二章不相类者。《乡党》篇末有色举章，《先进》篇末有侍坐章，《季氏》篇末有景公邦君章，《微子》篇末有周公八士章。意旨文体，皆与篇中不伦，而语亦或残缺。皆似断简，后人之所续入。盖当其初，篇皆别行，传之者各附其所续得于篇末。且《论语》记孔子事皆称"子"，惟此章及侍坐、羿奡、武城三章称"夫子"，亦其可疑者。然则此下三章，盖后人采他书之文附之篇末，而未暇别其醇疵者。其事固未必有，不必曲为之解也。

此所牵涉甚远。即如《微子》篇末"周有八士"章，余之《新解》有说，已详上引，可不论。且此章并不在篇末，乃并此下两章而疑之。其一为"中庸之为德也"章，又一为"子贡曰如有博施于民"章，崔氏不能就此两章一一辨其为断简续入，又不能一一辨其为有疵不醇，何得因"子见南子"章而牵连及之？又《先进》篇末之侍坐章，究竟其可疑处何在？其疵而不醇处又何在？乃亦因其在

篇末而疑之。又因其与此章同用"夫子"字而并疑之。又牵连及于
《宪问》篇"南宫适问于孔子"章,《雍也》篇"子游为武城宰"章
而并疑之。是亦过矣。窃谓此诸章当一一分别探究其可疑何在,其
有疵而不醇者何在,不得专以用有"夫子"二字而一并生疑也。

《论语·阳货》篇:"佛肸召,子欲往,子路曰:'昔者由也闻
诸夫子,曰:"亲于其身为不善者,君子不入也。"佛肸以中牟叛,
子之往也,如之何?'子曰:'然!有是言也。不曰坚乎,磨而不
磷,不曰白乎,涅而不缁。吾岂匏瓜也哉?岂能系而不食!'"崔氏
又详辨之,其要曰:

> 佛肸之叛,乃赵襄子时事。《韩诗外传》云:"赵简子薨,
> 未葬,而中牟畔之。葬五日,襄子兴师而次之。"《新序》云:
> "赵之中牟畔,赵襄子率师伐之,遂灭知氏。"《列女传》亦以
> 为襄子。襄子立于鲁哀公之二十年,孔子卒已五年,佛肸安得
> 有召孔子事?《左传》定公十三年,齐荀寅、士吉射奔朝歌。
> 哀三年,赵鞅围朝歌,荀寅奔邯郸。四年围邯郸,邯郸降,齐
> 国夏纳荀寅于柏人。五年春,围柏人,荀寅、士吉射奔齐。
> 夏,赵鞅围中牟。然则此四邑者,皆荀寅赵稷等之邑,故赵鞅
> 以渐围而取之。当鲁定公十四五年孔子在卫之时,中牟方为
> 范、中行氏之地,佛肸又安得据之以畔赵氏?

今按:据《左传》定公十三年秋,范氏、中行氏与赵氏始启争
端。是年冬,荀寅、士吉射奔朝歌。时中牟尚为范氏邑。其邑宰佛

胗，或欲助范、中行氏拒赵氏而未果。其召孔子，正可在定公之十四年。此与公山弗扰之召同一情形。惟《论语》文辞简质，谓二人之以费叛、以中牟叛，乃指其存心，非指其实迹。本无可疑。读古书遇难解处，先当尽可能别求他解，诸解均不可通，乃作疑辨。《论语》此两处，惟当解作意欲以费叛、中牟叛即得。而崔氏轻肆疑辨，则亦有故。崔氏又言之，曰：

> 凡"夫子"云者，称甲于乙之词，《春秋传》皆然。至孟子时，始称甲于甲而亦曰夫子，故子禽子贡相与称孔子曰夫子。颜渊子贡自称孔子亦曰夫子，盖亦与他人言之也。称于孔子之前则曰"子"，不曰"夫子"。称于孔子之前而亦曰夫子，惟侍坐、武城两章及此章。盖皆战国时人所伪撰，非门人弟子所记。

今按：此可谓孔门弟子已有面称孔子曰夫子者。亦可谓今传《论语》各章文字，有文体前后稍不同者。或可说《论语》中面称孔子曰夫子，其文体皆较晚。不得径以此疑诸章乃伪撰。诸章之为伪撰与否，当另有他证定之，不得即据有"夫子"两字为判。

崔氏又曰：

> 《论语》者，非孔子门人所作，亦非一人所作也。曾子于门人中年最少，而《论语》记其疾革之言，且称孟敬子之谥。则是敬子已没之后乃记此篇。虽回、赐之门人，亦恐无有在者

矣。《季氏》一篇俱称孔子，与他篇不同。盖其初各记所闻，篇皆别行，其后齐鲁诸儒始辑而合之。其识不无高下之殊，则其所采，亦不能无纯驳之异者，势也。

今按：此条语较少病。然仅当云《论语》非尽孔子门人所记，亦非一人一时所记，则为允矣。惟《论语》成书，经诸儒一番论定，其辑合之时间虽较晚，其所保存之文体，犹不失最先当时之真相，则《论语》实为一谨严之书。崔氏之辨，固多有陷于轻率者，此则读崔氏书者所当审细分别也。

附录三　读江永《乡党图考》

　　清儒考论孔子事迹，自崔述《洙泗考信录》之后，有江永《乡党图考》，其首卷亦备论孔子生平历年行事，自先世迄于其卒，略如崔氏之书。而文辞简质，立论谨慎，不如崔氏之博辨，而所失亦较少。如其叙公山不狃之召，曰："不狃与阳货共谋去三桓，故《论语》以为畔，其实未尝据邑兴兵也。"言简情核，较崔氏所辨远胜。其叙佛肸事，据引《史记·世家》，曰"佛肸为中牟宰，赵简子攻范、中行氏，伐中牟，佛肸畔，使人召孔子"云云，明其事在赵简子时。崔氏必谓其事在赵襄子时，虽据《左传》，然无以必见《史记》之为误。因欲必定《史记》之误，乃连带疑及《论语》。此亦不如江氏书之不失谨慎之意。又江氏书博采同时稍前他人之说不为人所注意者，其用心良宽良苦；然其间亦尚有得有失。姑拈两事为例。

其一，《檀弓》有云："孔子少孤，不知其墓，殡于五父之衢。人之见之者，皆以为葬也。其慎也，盖殡也。问于郰曼父之母，然后得合葬于防。"江氏说之曰：

> 此章为后世大疑。本非记者之失，由读者不得其句读文法而误。近世高邮孙邃人濩孙著《檀弓》论文，谓"不知其墓殡于五父之衢"十字当连读为句。"盖殡也"，"问于郰曼父之母"两句为倒句。甚有理。盖古人埋棺于坎为殡，殡浅而葬深。孔子父墓，实浅葬于五父之衢。因少孤不得其详，不惟孔子之家以为已葬，即道旁见之者亦皆以为已葬。至是母卒，欲从周人合葬之礼，卜兆于防，惟以父墓浅深为疑。如其殡而浅也，则可启而迁之。若其葬而深也，则疑于体魄已安，不可轻动。其慎也。盖谓夫子再三审慎，不敢轻启父墓也。后乃知其果为殡而非葬，由问于郰曼父之母而知之。盖唯郰曼父之母，能道其殡之详，是以信其言，启殡而合葬于防。"盖殡也"，当在"问于郰曼父之母"句下，因属文欲作倒句，取曲折故置在上。如此读之，可为圣人释疑，有裨《礼经》者不浅。

江氏此条，颇受后人信从，朱彬《礼记训纂》亦采之。然核之《檀弓》之文理，参以当时之情事，江氏之说，两觉未允。果如其说，应云不知其父墓在五父之衢者为殡，乃明其所欲辨者之为"殡"与"葬"。今云"不知其墓殡于五父之衢"，则所不知者似乃其墓地之何在。且殡与葬乃成墓以前事，墓则殡与葬以后事，故"墓殡""墓葬"皆不得二字连用。且叔梁纥在当时亦一大夫，其卒，何为殡而不葬？迄于孔子母死，已及二十年之久。此仍无说可解。及孔子母卒，孔子欲其与父合葬，既不先知其父葬之深浅，与其可以迁动与否，则又何为为其母先卜兆于防？此亦无说可通。前人所疑，特疑孔子圣人，何以不知其父葬处。然《檀弓》又引孔子之言曰："吾闻之，古也墓而不坟。今丘也，东西南北之人也，不可以弗识。"既其墓不覆土为坟，自不易识别，此自无足深疑。读古书苟有疑，当尽可能先求种种之解释，不当径弃其所疑之本书，而别引他书以为说。如崔氏疑《论语》佛肸事，即据《左传》弃《论语》；不知为《论语》别作一解，则《论语》《左传》皆可通。江氏此条仍本《檀弓》本文，与崔氏取径不同，而强为他解，乃不知其较之旧解为更无当。可知考古辨伪之事非不当有，贵能本之于审慎之心情，衡之以宏通之识见，固非轻疑好辨之所能胜任也。

又一事云：

按《年谱》：哀公十年，夫人开官氏卒。昔人因《檀弓》记伯鱼之母死，期而犹哭，夫子谓其已甚，因谓孔子出妻。近世丰城甘驭麟绂著《四书类典赋》辨其无此事云。《檀弓》载门人问子思曰："子之先君子丧出母乎？"此殆指夫子之于施氏而言，非谓伯鱼之于开官也。初，叔梁公娶施氏，生九女，无子，此正所谓无子当出者。《家语·后序》所谓"叔梁公始出妻"是也。此说甚有理。施氏无子而出，乃求婚于颜氏，事当有之。其后施氏卒，夫子为之服期，盖少时事。门人之问明云："子之先君子丧出母。"是谓夫子自丧出母，非谓令伯鱼为出母服也。子思云："昔者吾先君子无所失道，道隆则从而隆。"此语尤可见孔子虽有兄孟皮，妾母所生，则孔子实为父后之子。在礼，为父后者为出母无服。圣人以义处礼，父既不在，施氏非有他故，不幸无子而出，实为可伤，故宁从其隆而为之服。设有他故被出，则当从其污，不为之服矣。所谓"无所失道"者也。若伯鱼之母死，当守父在为母期之礼，过期当除，故抑其过而止之，何得诬为丧出母也！甘氏说有功圣门，特表出之，并补其所未尽之说。

江氏善言礼，此条辨叔梁纥出妻，孔子非有出妻之事，虽引据甚简，又皆片言只辞，而加以会通，为之说明，破后代之讹说，发古人之真相；考据疑辨之功，亦何可废。真积力久而用功深，自可犁然有当于人心，如江氏此条是也。

江氏之后，清儒考据之业日盛。然考孔子生平历年行事者，或据《论语》，或本《左传》，或辨《史记》，率皆逐句逐条疑之辨之，解之释之；求其综合终始而备为之说，如崔氏、江氏之书者则鲜。间亦有之，然皆不得与崔氏、江氏书媲美。今亦不再缕陈。其逐条逐句作为疑辨解释者，虽亦精义络绎，美不胜收。然或则各持一偏，或则相与牴牾。今欲会通众说，归于条贯，汰非存是，勒为定论，以为孔子作一新传，其事亦甚不易。抑且汉、宋门户之见愈演愈烈，义理、考据一分不可复合，既为识趣所限，能考孔子之事，乃不能传孔子其人，此尤为病之大者。窃不自揆，最近作为《孔子传》一书，抑有其意，亦未必能尽副其意之所欲至。姑举胡氏、崔氏、江氏三人之书而略论之，非欲进退前人，乃庶使读吾书者，知其取舍从违之所在，知其轻重缓急之所生。知其荟粹群言，而未尝无孤见独出之明。知其自本己意，而未尝无博采兼综之劳。特以补我自序己书之所未尽。若谓吾书出而自宋以来一千年诸家述作考辨皆可搁置一旁，则断断非吾意之所存也。

附录四　旧作 《孔子传略》[①]

　　孔子生鲁昌平乡陬邑。其先宋微子之后。宋襄公生弗父何，以让弟厉公。弗父何生宋父周，周生世子胜，胜生正考父，考父生孔父嘉。五世亲尽，别为公族，姓孔氏。孔父生子木金父，金父生睪夷，睪夷生防叔，畏华氏之逼而奔鲁。[②] 防叔生伯夏，伯夏生叔梁纥。梁纥娶鲁之施氏，生九女。其妾生孟皮，孟皮病足，乃求婚于

颜氏。颜氏女徵在从父命为婚，^① 梁纥老而徵在少，时人谓之野合。^② 祷于尼丘，得孔子。故孔子为鲁人。

鲁襄公二十二年孔子生，^③ 生而顶如反宇，中低而四旁高，故因名曰丘云，字仲尼。丘生三岁^④而叔梁纥死，葬于鲁东之防山。其母未以告，故孔子疑其父墓处。母死，乃殡五父之衢，盖其慎也。郰人挽父之母诲孔子父墓，然后往，合葬于防焉。

孔子为儿嬉戏，常陈俎豆，设礼容。及长，贫且贱。尝为委吏，料量平，会计当。尝为乘田，牛羊茁壮，畜蕃息。孔子长九尺六寸，人皆谓之长人而异之。以知礼名。鲁大夫孟厘子，病不能相礼，乃讲学之，及其将死，诫其二子曰："孔丘，圣人之后，灭于宋。其祖弗父何，以嗣有宋而让厉公。及正考父，佐戴、武、宣公，三命兹益恭，故鼎铭云：'一命而偻，再命而伛，三命而俯，循墙而走，亦莫敢余侮。饘于是，粥于是，以糊余口。'其恭如是。吾闻圣人之后，虽不当世，必有达者。今孔丘年少好礼，其达者欤？吾即没，若必师之。"及厘子卒，孔子年三十四矣，^⑤ 孟懿子、南宫敬叔往学礼焉。^⑥ 弟子稍益进。

---

① 以上叔梁纥娶鲁施氏以下，据《索隐》引《家语》增入。

② 《索隐》云："野合者，谓梁纥老而徵在少，非当壮室初笄之礼，故云野合，谓不合礼仪。"《正义》云："男子八八六十四阳道绝，女子七七四十九阴道绝，婚姻过此者皆为野合。据此梁纥婚过六十四矣。"

③ 《公羊传》襄二十一年十一月庚子孔子生，此从《史记》。

④ 据《索隐》引《家语》。

⑤ 按《史记》本文孔子年十七，鲁大夫孟厘子病且死。又云：是岁季武子卒，平子代立。皆误。今据《左传》改正，说详《先秦诸子系年》卷一。

⑥ 此下有"南宫敬叔与孔子适周问礼见老子"一节，今删，说详《先秦诸子系年》。

是时也，晋平公淫，六卿擅权，东伐诸侯。楚兵强，陵轹中国。齐大而近于鲁。鲁小弱，附于楚则晋怒，附于晋则楚来伐；不备于齐，齐师侵鲁。① 鲁昭公之二十五年，而季平子与郈昭伯以斗鸡故得罪昭公，昭公率师击平子，平子与孟氏、叔孙氏三家共攻昭公。昭公师败，奔于齐。时孔子年三十五，鲁乱，遂适齐，为高昭子家臣。闻《韶》乐，乐之，三月不知食味。齐人称之。景公问政于孔子，孔子曰："君君，臣臣，父父，子子。"时陈恒制齐，故孔子以此对。景公曰："善哉！信如君不君，臣不臣，父不父，子不子，虽有粟，吾岂得而食诸！"他日，又复问政于孔子，孔子曰："政在节财。"景公说，欲以尼溪田封孔子，齐人或谗之。② 后景公敬见孔子，不问其礼。异日，景公止孔子，曰："奉子以季氏，吾不能，以季、孟之间待之。"又曰："吾老矣，弗能用也。"齐大夫欲害孔子，孔子遂行，反乎鲁。

孔子年四十二，鲁昭公卒于乾侯，定公立。定公五年夏，季平子卒，桓子嗣立。③ 桓子嬖臣曰仲梁怀，与阳虎有隙，阳虎欲逐怀，公山不狃止之。其秋，怀益骄，阳虎执怀，桓子怒，阳虎因囚桓子，与盟而醳之。阳虎由此益轻季氏。季氏亦僭于公室，陪臣执国政，是以鲁自大夫以下皆僭，离于正道。故孔子不仕，退而修《诗》《书》礼乐，弟子弥众，至自远方，莫不受业焉。阳虎欲见孔

---

① 此下有"齐景公与晏婴来适鲁见孔子"一节，今删，说详《先秦诸子系年》。

② 此处原文有"晏婴曰"一大节，今删，说详《先秦诸子系年》。

③ 此下有"季桓子穿井得土缶""吴伐越堕会稽得骨节专车"两节，均删。

子，孔子不见，阳虎瞰孔子之亡而馈孔子豚。礼，大夫有赐于士，不得受于其家，则往拜其门。孔子遂亦时其亡也而往拜之。遇诸涂，谓孔子曰："来！予与尔言。"曰："怀其宝而迷其邦，可谓仁乎？"曰："不可。""好从事而亟失时，可谓知乎？"曰："不可。""日月逝矣，岁不我与。"孔子曰："诺，我将仕矣。"①

定公八年，公山不狃不得意于季氏，欲因阳虎共废三桓之适，更立其庶孽为阳虎所素善者。使人召孔子。孔子循道弥久，温温无所试，莫能己用，欲往。子路不说，止孔子。孔子曰："夫召我者而岂徒哉？如有用我者，我其为东周乎！"然亦卒不行。其后阳虎败，奔齐，定公以孔子为中都宰，时孔子年五十一。一年，四方皆则之，由中都宰为司空，由司空为司寇。定公十年春，及齐平。夏，齐大夫犁钼言于景公，曰："鲁用孔丘，其势危齐。"乃使使告鲁，为好会，会于夹谷。定公且以乘车好往。孔子摄相事，曰："臣闻有文事者必有武备，有武事者必有文备。古者诸侯出疆，必具官以从，请具左右司马。"公曰："诺。"具左右司马。犁弥曰："孔丘知礼而无勇，若使莱人以兵劫鲁侯，必得志焉。"齐侯从之。为坛位，土阶三等，以会遇之礼相见，揖让而登。献酬之礼毕，齐有司趋而进，曰："请奏四方之乐！"景公曰："诺。"于是莱人旍旄羽袚，矛戟剑拨，鼓噪而至。孔子趋而进，历阶而登，不尽一等，举袂而言曰："吾两君为好会，夷狄之乐，何为于此？请命有司！"景公心怍，遽辟之。将盟，齐人加于载书，曰："齐师出境，而不

① 本节据《论语》增入。

以甲车三百乘从我者，有如此盟。"孔子使兹无还揖对曰："而不返我汶阳之田，吾以共命者，亦如之。"于是齐侯乃归所侵鲁之郓、汶阳、龟阴之田。①

定公十二年，侯犯以郈叛，败奔齐。② 孔子曰："臣无藏甲，大夫无百雉之城。陪臣执国命，采长数叛者，坐邑有城池之固，家有甲兵之藏故也。"③ 使仲由为季氏宰，将堕三都。叔孙氏先堕郈。季氏将堕费，公山不狃、叔孙辄率费人袭鲁。公与三子入于季氏之宫，登武子之台。费人攻之，弗克。入及公侧。孔子命申句须、乐颀下伐之，费人北。国人追之，败诸姑蔑。二子奔齐，遂堕费。将堕成，成宰公敛处父谓孟孙曰："坠成，齐人必至于北门。且成，孟氏之保障，无成，是无孟氏也。我将弗堕。"十二月，公围成，弗克。④

孔子与闻国政三月，粥羔豚者弗饰贾，男女行者别于涂，涂不拾遗，四方之客至乎邑者如归。齐人闻而惧，曰："孔子为政必霸，霸则吾地近焉，为之先并矣。盍致地焉！"犁钼曰："请先尝沮之。沮之而不可则致地，庸迟乎！"于是选齐国中女子好者八十人，皆衣文衣而舞康乐，文马三十驷，遗鲁君。陈女乐文马于鲁城南高门外。季桓子微服往观，再三，将受，乃语鲁君为周道游，往观终

---

① 本节参《左传》，删"诛侏儒"一节，说详《先秦诸子系年》。

② 原文云定公十三年，误。侯犯之叛，据《左传》增。

③ 此数语据《公羊》注增。

④ 此下有"诛鲁大夫乱政者少正卯"一节，删，说详《先秦诸子系年》。

日，怠于政事。子路曰："夫子可以行矣！"孔子曰："姑徐乎！"①
桓子卒受齐女乐，三日不听政。定公十三年春，郊，不致膰俎于大
夫。孔子曰："我可以行矣。"是岁孔子年五十五，遂去鲁，行宿乎
屯。而师己送之，曰："夫子则非罪。"孔子曰："吾歌可夫！"歌
曰："彼妇之口，可以出走。彼妇之谒，可以死败。盖优哉游哉，
维以卒岁！"师己反，桓子曰："孔子亦何言？"师己以实告。桓子
喟然叹曰："夫子罪我以群婢故也夫！"

　　孔子遂适卫，主于颜雠由。卫灵公问孔子居鲁得禄几何？对
曰："奉粟六万。"卫人亦致粟六万。② 灵公夫人有南子者，使人谓
孔子曰："四方之君子，不辱，欲与寡君为兄弟者，必见寡小君。
寡小君愿见。"孔子辞谢，不得已而见之。夫人在绨帷中。孔子入
门，北面稽首，夫人自帷中再拜，环佩玉声璆然。孔子曰："吾乡
为弗见，见之，礼答焉。"子路不说，孔子矢之，曰："予所不者，
天厌之，天厌之。"③

　　孔子居卫，过蒲，④ 会公叔氏以蒲叛，蒲人止孔子。孔子弟子
有公良孺者，以私车五乘从，其为人长贤有勇力，斗甚疾；蒲人

---

　　① 原文孔子曰："鲁今且郊，如致膰乎大夫，则吾犹可以止。"此盖据
《孟子》而误会其义，今酌易之。

　　② 此下有"或谮孔子于卫灵公，孔子适陈过匡"一节，又"使从者为宁
武子家臣而过蒲"一节，皆删。

　　③ 此下有"灵公与夫人同车，孔子为次乘，招摇过市"一节，删。又
"过宋，司马桓魋欲杀孔子"一节移后。又"适郑，独立郭东门"一节删。又
"适陈"一节移后，"有隼集于陈廷"一节删。又"还息陬乡作《陬操》"一节
删。

　　④ 原文作孔子去陈过蒲，今正。

惧，谓孔子曰："苟毋适卫，吾出子。"与之盟，出孔子东门，孔子遂适卫。子贡曰："盟可负耶？"孔子曰："要盟也，神不听。"① 卫灵公闻孔子来，喜，郊迎，问曰："蒲可伐乎？"对曰："可。"灵公曰："吾大夫以为不可。今蒲，卫之所以待晋也。以卫伐之，无乃不可乎？"孔子曰："其男子有死之志，妇人有保西河之志，吾所伐者，不过四五人。"灵公曰："善！"然不伐蒲。灵公老，怠于政，不用孔子。孔子喟然叹曰："苟有用我者，期月而已可也，三年有成。"孔子击磬，有荷蒉而过门者，曰："有心哉击磬乎！"既而，曰："鄙哉硁硁乎！莫己知也，斯已而已矣。"②

　　鲁哀公二年，③ 夏，卫灵公卒，卫人立灵公孙辄，是为出公。六月，晋赵鞅内卫灵公太子蒯聩于戚。阳虎使太子绖，八人衰绖，伪自卫迎者，哭而入，遂居焉。卫人拒之。冉有曰："夫子为卫君乎？"④ 子贡曰："诺！吾将问之。"入曰："伯夷、叔齐何人也？"曰："古之贤人也。"曰："怨乎？"曰："求仁而得仁，又何怨？"出，曰："夫子不为也。"是年孔子去卫。佛肸⑤为中牟宰，使人召孔子，孔子欲往。子路曰："由闻诸夫子，其身亲为不善者，君子不入也。今佛肸亲以中牟叛，子欲往，如之何？"孔子曰："有是言

---

① 孔子过蒲，不见于《论语》，史文必有本而误分为两过蒲。今姑参其年代地理，并两事为一而存之。惟事当在初适卫时，《史记》叙在后，仍误。此姑仍之。下文有"孔子将西见赵简子"一节删，说详《先秦诸子系年》。

② 此下有"孔子学鼓琴师襄子"一节删。

③ 原文孔子行在卫灵公卒前，今正，说详《先秦诸子系年》。

④ 此节据《论语》增。说详《先秦诸子系年》。

⑤ 佛肸之事见于《论语》，必有本。惟孔子曰："不曰坚乎，不曰白乎。"坚白兼举，似战国晚出人语。姑志此疑。

也。不曰坚乎，磨而不磷。不曰白乎，涅而不缁。我岂匏瓜也哉？焉能系而不食！"然孔子终不去晋。乃过曹，又过宋，与弟子习礼大树下。宋司马桓魋欲杀孔子，使人往，孔子已行，拔其树。弟子曰："可以速矣！"孔子曰："天生德于予，桓魋其如予何！"[①] 过郑，遂至陈，主于司城贞子家。[②]

鲁哀公三年，夏，鲁桓厘庙燔，南宫敬叔救火。孔子在陈闻之，曰："灾必于桓厘庙乎？"已而果然。秋，季桓子病，辇而见鲁城，喟然叹曰："昔此国几兴矣，以吾获罪于孔子，故不兴也。"顾谓其嗣康子曰："我即死，若必相鲁，相鲁必召仲尼！"后数日，桓子卒，康子代立。已葬，欲召仲尼。公之鱼曰："昔吾先君用之不终，终为诸侯笑。今又用之，不能终，是再为诸侯笑。"康子曰："则谁召而可？"曰："必召冉求。"于是使使召冉求。冉求将行，孔子曰："鲁人召求，非小用之，将大用之也。"是日，孔子曰："归乎！归乎！吾党之小子狂简，斐然成章，吾不知所以裁之。"[③] 子贡知孔子思归，送冉求，因诫曰："即用，以孔子为招。"云。

冉求既去，明年，[④] 蔡昭公将如吴，吴召之也。前昭公欺其臣迁州来，后将往，大夫惧复迁，公孙翩射杀昭公。楚侵蔡。叶公诸

---

① 《论语》亦云"子畏于匡"，或系"孔子过蒲"一事之讹，或系"微服过宋"之讹，二者必居一焉，今既著过蒲一事，又著过宋事，而没其畏匡焉，说详《先秦诸子系年》。

② 原文孔子于卫灵公时凡四去卫，再适陈，今皆改正，说详《先秦诸子系年》。

③ 原文孔子在陈叹"归欤"凡两见，此存其一。

④ 原文此年孔子自陈迁于蔡，今删，说详《先秦诸子系年》。

梁致蔡于负函。① 明年秋，齐景公卒。明年，② 吴伐陈，陈乱，孔子居陈三岁而去。③ 行绝粮，④ 从者病，莫能兴，孔子讲诵弦歌不衰。子路愠，见曰："君子亦有穷乎？"孔子曰："君子固穷，小人穷，斯滥矣。"⑤ 楚救陈，⑥ 昭王卒于城父。孔子自陈如负函，就叶公。⑦ 叶公问政，孔子曰："政在来远附迩。"他日，叶公问孔子于子路，子路不对，孔子闻之，曰："由！尔何不对曰：其为人也，学道不倦，诲人不厌，发愤忘食，乐以忘忧，不知老之将至云尔。"楚狂接舆歌而过孔子，曰："凤兮凤兮，何德之衰，往者不可谏，来者犹可追。已而已而！今之从政者殆而！"孔子下，欲与之言，趋而去，弗得与之言。于是孔子自楚反乎卫。是岁也，孔子年六十三，而鲁哀公六年也。

长沮、桀溺耦而耕，⑧ 孔子使子路问津焉。长沮曰："彼执舆者为谁？"子路曰："为孔丘。"曰："是鲁孔丘与？"曰："然。"曰："是知津矣。"桀溺谓子路曰："子为谁？"曰："为仲由。"曰："子

---

① 此据《左传》增，说详《先秦诸子系年》。

② 此处原文云孔子自蔡如叶，今删，说详《先秦诸子系年》。

③ 原文孔子迁于蔡三岁，误，今正，说详《先秦诸子系年》。

④ 原文作："陈蔡用事大夫发徒役围孔子于野，遂绝粮。"此不从，删，说详《先秦诸子系年》。

⑤ 此下原文有"子贡色作"一节，有"匪兕匪虎率彼旷野"一节，"使子贡至楚，楚昭王兴师迎孔子"一节，均删。

⑥ 原文有"楚昭王欲以书社七百里封孔子"一节，今删，说详《先秦诸子系年》。

⑦ 原文"孔子自蔡如叶"，又"孔子在陈蔡之间，楚使聘孔子"，分两事，今正。说详《先秦诸子系年》。

⑧ "长沮桀溺"一节，"荷蓧丈人"一节，原文入之孔子去叶反蔡途中，误。此两事殆孔子自陈适楚时事，否则由楚反卫时事也。故系之于此。

孔丘之徒与？"曰："然。"桀溺曰："悠悠者，天下皆是也，而谁以易之？且与其从辟人之士，岂若从辟世之士哉！"耰而不辍。子路以告孔子，孔子怃然，曰："鸟兽不可与同群，天下有道，丘不与易也。"他日，子路行，遇荷蓧丈人，曰："子见夫子乎？"丈人曰："四体不勤，五谷不分，孰为夫子？"植其杖而芸。子路以告。孔子曰："隐者也。"使复往，则亡矣。

其明年，吴与鲁会缯，征百牢。太宰嚭召季康子。时子贡反仕于鲁，康子使子贡往，事得已。孔子曰："鲁、卫之政，兄弟也。"时卫君辄父不得立，在外，诸侯数以为让，而孔子弟子多仕于卫，卫君欲得孔子为政。子路曰："卫君待子而为政，子将奚先？"孔子曰："必也正名乎！"子路曰："有是哉，子之迂也！何其正？"孔子曰："野哉由也！夫名不正则言不顺，言不顺则事不成，事不成则礼乐不兴，礼乐不兴则刑罚不中，刑罚不中，则民无所措手足。夫君子为之必可名也，言之必可行也。君子于其言，无所苟而已矣。"其明年，冉有为季氏将师与齐战于郎，克之。季康子曰："子之于军旅，学之乎？性之乎？"冉有曰："学之于孔子。"季康子曰："我欲召孔子可乎？"对曰："欲召之，则毋以小人固之矣。"卫孔文子①将攻太叔，问策于孔子，孔子曰："胡簋之事，则尝学之矣。甲兵之事，未之闻也。"退命驾而行，曰："鸟则择木，木岂能择鸟？"文子遽止之，曰："圉岂敢度其私，访卫国之难也。"孔子将止，会季康子逐公华、公宾、公林，以币迎孔子，孔子遂归鲁。孔

---

① 此据《左传》增。《论语》卫灵公问陈，两事相似，《史记》两存之，今删卫灵公问陈一节，说详《先秦诸子系年》。

子之去鲁，凡十四岁而反乎鲁。

鲁哀公问曰："何为则民服？"孔子对曰："举直错诸枉则民服，举枉错诸直，则民不服。"季康子问政，孔子对曰："政者正也，子帅以正，孰敢不正？"季康子患盗，问于孔子，孔子对曰："苟子之不欲，虽赏之不窃。"然鲁终不能用孔子，孔子亦不求仕。时周室微而礼乐废，《诗》《书》缺。孔子追迹三代之礼，序《书传》，上自唐虞，① 曰："夏礼吾能言之，杞不足征也。殷礼吾能言之，宋不足征也。足则吾能征之矣。"观殷、夏所损益，曰："后虽百世可知也。"一文一质，周监二代，曰："郁郁乎文哉！吾从周。"故《书传》《礼记》自孔氏。孔子语鲁太师："乐其可知也。始作翕如，纵之纯如，皦如，绎如也。以成。"曰："吾自卫反鲁，然后乐正，《雅》《颂》各得其所。"② 三百五篇，孔子皆弦歌之，以求合《韶》《武》《雅》《颂》之音，礼乐自此可得而述。③ 孔子以《诗》《书》、礼、乐教，弟子通六艺者七十有二人，④ 如颜浊邹之徒颇受业者甚众。

子以四教，文行忠信。不愤不启，举一隅不以三隅反，则不复也。子绝四，毋意、毋必、毋固、毋我。所慎，斋、战、疾。罕言利，与命与仁。其于乡党，恂恂似不能言者。其于宗庙朝廷，辩辩言，唯谨尔。朝与上大夫言，誾誾如也。与下大夫言，侃侃如也。

---

① 原文："序《书传》，上纪唐虞之际，下至秦缪，编次其事。"今酌正。
② 此下原文有"古者《诗》三千余篇"一节，今删。
③ 此下原文有"孔子晚而喜《易》"一节，删，说详《先秦诸子系年》。
④ 原文作："弟子盖三千，身通六艺者七十二人。"今酌正。

入公门，鞠躬如也。趋进，翼如也。君召使傧，色勃如也。君命召，不俟驾而行。鱼馁肉败不食，割不正不食，席不正不坐。食于有丧者之侧，未尝饱也。是日哭，则不歌。见齐衰者，瞽者，虽童子必变。与人歌，善，则使复之，然后和之。不语怪力乱神。曰："三人行，必有我师焉。""德之不修，学之不讲，闻义不能徙，不善不能改，是吾忧也。"子贡曰："夫子之文章，可得而闻也。夫子之言性与天道，不可得而闻也已。"颜渊喟然叹曰："仰之弥高，钻之弥坚，瞻之在前，忽焉在后。夫子循循然善诱人，博我以文，约我以礼。欲罢不能，既竭我才，如有所立卓尔。虽欲从之，末由也已！"达巷党人曰："大哉孔子，博学而无所成名。"子闻之，曰："我何执？执御乎？执射乎？我执御矣。"牢曰："子云：我不试，故艺。"

　　鲁哀公十四年，春，狩大野。叔孙氏车子钼商获兽，以为不祥。孔子视之，曰："麟也。"孔子曰："河不出图，雒不出书，吾已矣夫！"颜渊死，孔子曰："天丧予。"及西狩见麟，曰："吾道穷矣！"喟然叹曰："莫我知也夫！"子贡曰："何为莫子知也？"孔子曰："不怨天，不尤人，下学而上达，知我者其天乎！""不降其志，不辱其身，伯夷、叔齐也。"谓："柳下惠、少连，降志辱身矣！"谓："虞仲、夷逸，隐居放言，行中清，废中权。""我则异于是，无可无不可。"子曰："弗乎弗乎！君子病殁世而名不称焉。吾道不行矣，吾何以自见于后世哉！"乃因鲁史记，作《春秋》，上自隐公，下讫哀公十四年，十二公。① 约其文辞而指博，故吴、楚之君

---

　　① 原文有"据鲁亲周故殷，运之三代"语，今删。又按：孔子作《春秋》，疑应在获麟绝笔，非始作。语详余新作《孔子传》。

自称王，而《春秋》贬之曰"子"。践土之会，实召周天子，而《春秋》讳之曰："天王狩于河阳。"推此类以绳当世，贬损之义，后有王者举而用之，《春秋》之义行，则天下乱臣贼子惧焉。弟子受《春秋》，孔子曰："后世知丘者以《春秋》，而罪丘者亦以《春秋》。"明岁，子路死于卫。孔子病，子贡请见，孔子方负杖逍遥于门，曰："赐！汝来何晚也！"孔子因叹歌曰："太山其颓乎！梁木其摧乎！哲人其萎乎！"因以涕下，谓子贡曰："天下无道久矣，其孰能宗予！夏人殡于东阶，周人于西阶，殷人两柱间。昨暮，予梦坐奠两柱之间，予殆殷人也。"后七日卒。时鲁哀公十六年夏四月，孔子年七十三。哀公诔之，曰："旻天不吊，不慭遗一老，俾屏余一人以在位，茕茕余在疚。呜呼哀哉！尼父！毋自律。"①

孔子葬鲁城北泗上，弟子皆服三年。三年心丧毕，相诀而去，则哭，各复尽哀，或复留。唯子贡庐于冢上，凡六年然后去。弟子及鲁人往从冢而家者百有余室，因命曰孔里。鲁世世相传，以岁时奉祠孔子冢，而诸儒亦讲礼《乡饮》《大射》于孔子冢。孔子冢大一顷，故所居堂，弟子内，后世因庙藏孔子衣冠琴车书。至于汉，二百余年不绝。汉高祖过鲁，以太牢祀焉。诸侯卿相至，常先谒，然后从政。

孔子生鲤，字伯鱼，伯鱼年五十，先孔子死。伯鱼生伋，字子思，年六十二。尝困于宋。② 子思生白，字子上，年四十七。子上生求，字子家，年四十五。子家生箕，字子京，年四十六。子京生

① 原文有"子贡曰君其不殁于鲁"一节，删。
② 原文云子思作《中庸》，今删，说详《先秦诸子系年》。

穿，字子高，年五十一。子高生子慎，年五十七，尝为魏相。子慎生鲋，年五十七，为陈王涉博士，死于陈下。鲋弟子襄，年五十七。尝为汉惠帝博士，迁为长沙太守，长九尺六寸。子襄生忠，年五十七。忠生武，武生延年及安国。安国为汉武帝博士，至临淮太守，早卒。

汉太史公马迁赞曰："《诗》有之：高山仰止，景行行止，虽不能至，然心向往之。余读孔氏书，想见其为人。适鲁，观仲尼庙堂车服礼器，诸生以时习礼其家，余低回留之不能去云。天下君王至于贤人，众矣。当时则荣，没则已焉。孔子布衣，传十余世，学者宗之，自天子王侯，中国言六艺者，折中于夫子，可谓至圣矣！"

余撰《孔子传》前，本有旧稿《孔子传略》一篇。及门戴景贤创为广学社印书馆，索余稿，余遂以与之。并旧稿《论语新编》一篇合刊为一小册。窃谓如余此稿，始或稍合通俗普及之用，然万不宜以如此稿付孔孟学会刊行。学会所发布之刊物，宜稍具学术性，稍富研究性，岂宜以简单平浅者供人传习。今附刊于此，以供读者参考。

但又念今白话流行，即如此传略，多用《左传》《史记》原文，亦已不得谓是一通俗本。傥必求通俗，势非尽废文言，通体以白话抒写，庶或近之。然必以古本文言改写白话，其事当更难。如今世《论语》《左传》等书，皆有白话翻译本，惜余未曾见及。但中国古人则多作注释。即如佛教翻译印度原文，亦多另自作注。

今试以白话作注，亦较以白话直译原文远为合适。如《论语》

一"仁"字，岂不可作为注语，详发其义？若必直作翻译，岂不难之又难。今人于此不辨，则对于古典文之宣传，岂不将如鲤鱼之登龙门。则亦惟有"高山仰止，景行行止，虽不能至，心向往之"之叹矣。余今又谨以附兹篇于本书之最后，以供读者之参考。孔子之教，博文约礼，非敢贪多，亦以备读者之善自约取之。

附录五 旧作 《论语新编》

《论语》二十篇，为研究孔子行事思想惟一宝典，二千年来无异辞。然其书编集实甚迟。曾子少孔子四十六岁，又以老寿终，今《论语》载曾子之死，则其去孔子之殁也久矣。《上论》十篇当先成，故殿之以《乡党》。《下论》体裁多与《上论》有异，《子张》篇皆记弟子之言，宜为《下论》之卒篇。《尧曰》篇仅三章，"尧曰"一章，具载尧舜咨命，汤武誓师，皆非孔子语，于全书体例特为不称。"子张问"一章，五美四恶，孔子告问政者多矣，未有如此之碎也。此与《季氏》篇三友、三乐、三愆、三畏、九思之类，文体皆见为晚出，而此章尤甚。然则《尧曰》一篇，可信者惟最后一章而已。其他每篇之卒章，颇有后人羼入，非《论语》本书所夙有。如《季氏》篇末"邦君之妻"一章，《微子》篇末"太师挚适齐"一章、"周公谓鲁公曰"一章、"周有八士"一章之类是也。其他复有可论者，有子、曾子于孔门乃晚辈，其后游、夏、子张欲尊有子为师，而曾子不之许；今《学而》首篇凡十六章，而有子、曾子语得五章，已逾四之一矣。又增子贡、子夏语三章，则适当全篇之半。首篇所载而诸弟子语乃占半焉，此尤可议也。《乡党》备记孔子日常行动，《微子》记孔子出处大节，《子张》记弟子语，此皆类例之可说者。然他篇不尽然。大抵杂集成篇，未见其皆有编类相次之意。亦有先后重出者。且所记亦似未尽可信。如卫灵公问陈，与《左传》孔文子问大体相似，似一事而两传。又如佛肸以中牟叛，孔子答子路语，坚白连称，亦似晚周人语。今特重加编次。有径从删削者，如《尧曰》、"邦君之妻"诸章及重出语皆删之。有慎而存之者，如"卫灵公问陈""佛肸召"诸章是也。有暂而置之者，如《乡党》一篇虽无可疑，然古人宫室衣服饮食之细，非精而说之，不足以见其所以之义；此非专门研古，可暂置也。《新编》凡十四篇，兹各举其分篇编类之大旨如次：

一、第一篇凡六十二章，记孔子生平行事。当与《孔子传》参读。

二、第二篇凡二十七章，记孔子立行传教之精神及其人格学养之造诣。

三、第三篇凡十三章，记孔子日常气象，及其对人处世应物之微。学者当以第二、第三篇连上第一篇合并读之，庶以见孔子为人之全。

四、第四篇凡二十一章，类记孔子论学语。

五、第五篇凡三十八章，类记孔子论道、论德、论言行、论交友诸端。

六、第六篇凡四十二章，类记孔子论君子、小人之辨。

七、第七篇凡三十二章，类记孔子论士、论善人、论中行、论狂狷、论直、论人品各节。学者当与上篇合观之，可以见孔子论人之大体矣。

八、第八篇凡二十七章，类记孔子论仁。

九、第九篇凡三十二章，类记孔子论礼乐。

十、第十篇凡十章，类记孔子论孝。

十一、第十一篇凡三十四章，类记孔子论政。

十二、第十二篇凡四十二章，类记孔子论古今人物贤否得失。

十三、第十三篇凡四十八章，类记孔子评弟子贤否。

十四、第十四篇凡三十七章，类记孔子弟子语。

右《论语新编》十四篇凡四百六十五章。旧编二十篇，四百九十八章（《乡党》篇以十七章计）。共删三十三章。每章皆附记旧编篇目号数，以备检对。亦有一章而当互见于诸篇者，兹并以一见为主，不复重出。学者当通体熟玩，庶可以得左右映发之妙也。

第一篇　记孔子生平行事

◎子曰："吾十有五而志于学，三十而立，四十而不惑，五十而知天命，六十而耳顺，七十而从心所欲不逾矩。"（《为政》第四章）

◎子曰："十室之邑，必有忠信如丘者焉，不如丘之好学也。"（《公冶长》第二七章）

◎子曰："我非生而知之者，好古，敏以求之者也。"（《述而》第一九章）

◎子曰："三人行，必有我师焉。择其善者而从之，其不善者而改之。"（《述而》第二一章）

◎子曰："盖有不知而作之者，我无是也。多闻，择其善者而从之，多见而识之，知之次也。"（《述而》第二七章）

◎子入太庙，每事问。或曰："孰谓鄹人之子知礼乎？入太庙，每事问。"子闻之，曰："是礼也？"（《八佾》第一五章）

（按：此乃孔子讥鲁太庙之每事不如礼也。）

◎孔子谓季氏八佾舞于庭："是可忍也，孰不可忍也！"（《八佾》第一章）

◎三家者以《雍》彻，子曰："'相维辟公，天子穆穆'，奚取于三家之堂?"（《八佾》第二章）

◎齐景公问政于孔子。孔子对曰："君君臣臣，父父子子。"公曰："善哉！信如君不君，臣不臣，父不父，子不子，虽有粟，吾得而食诸?"（《颜渊》第一一章）

◎齐景公待孔子，曰："若季氏，则吾不能，以季、孟之间待之。"曰："吾老矣，不能用也。"孔子行。（《微子》第三章）

◎或谓孔子曰："子奚不为政?"子曰："《书》云：'孝乎惟孝，友于兄弟。'施于有政，是亦为政，奚其为为政?"（《为政》第二一章）

◎子曰："富而可求也，虽执鞭之士，吾亦为之。如不可求，从吾所好。"（《述而》第一一章）

◎子曰："饭疏食，饮水，曲肱而枕之，乐亦在其中矣。不义而富且贵，于我如浮云。"（《述而》第一五章）

◎子曰："苟有用我者，期月而已可也，三年有成。"（《子路》第一〇章）

◎子路、曾皙、冉有、公西华侍坐。子曰："以吾一日长乎尔，毋吾以也。居则曰：'不吾知也。'如或知尔，则何以哉?"子路率尔而对曰："千乘之国，摄乎大国之间，加之以师旅，因之以饥馑，由也为之，比及三年，可使有勇，且知方也。"夫子哂之。"求尔何如?"对曰："方六七十，如五六十，求也为之，比及三年，可使足民。如其礼乐，以俟君子。""赤尔何如?"对曰："非曰能之，愿学焉。宗庙之事，如会同，端章甫，愿为小相焉。"

"点尔何如?"鼓瑟希,铿尔,舍瑟而作,对曰:"异乎三子者之
撰。"子曰:"何伤乎! 亦各言其志也。"曰:"莫春者,春服既
成,冠者五六人,童子六七人,浴乎沂,风乎舞雩,咏而归。"
夫子喟然叹曰:"吾与点也。"三子者出,曾皙后。曾皙曰:"夫
三子者之言何如?"子曰:"亦各言其志也已矣。"曰:"夫子何哂
由也?"曰:"为国以礼,其言不让,是故哂之。""唯求则非邦也
与?""安见方六七十,如五六十,而非邦也者?""唯赤则非邦也
与?""宗庙会同,非诸侯而何? 赤也为之小,孰能为之大?"
(《先进》第二五章)

◎颜渊、季路侍。子曰:"盍各言尔志!"子路曰:"愿车马,衣轻
裘,与朋友共敝之而无憾。"颜渊曰:"愿无伐善,无施劳。"子
路曰:"愿闻子之志。"子曰:"老者安之,朋友信之,少者怀
之。"(《公冶长》第二五章)

◎子谓颜渊曰:"用之则行,舍之则藏,惟我与尔有是夫!"子路
曰:"子行三军则谁与?"子曰:"暴虎冯河,死而无悔者,吾不
与也。必也,临事而惧,好谋而成者也。"(《述而》第一○章)

◎子曰:"道不行,乘桴浮于海,从我者其由与!"子路闻之喜。子
曰:"由也,好勇过我,无所取材。"(《公冶长》第六章)

◎子欲居九夷。或曰:"陋,如之何?"子曰:"君子居之,何陋之
有?"(《子罕》第一三章)

◎阳货欲见孔子,孔子不见。归孔子豚。孔子时其亡也而往拜之,
遇诸涂。谓孔子曰:"来! 予与尔言。"曰:"怀其宝而迷其邦,
可谓仁乎? 曰:不可。好从事而亟失时,可谓知乎? 曰:不可。

日月逝矣，岁不我与。"孔子曰："诺。吾将仕矣。"（《阳货》第
一章）

◎公山弗扰以费畔，召，子欲往。子路不说，曰："末之也已，何
必公山氏之之也！"子曰："夫召我者，而岂徒哉？如有用我者，
吾其为东周乎！"（《阳货》第五章）

◎孔子曰："天下有道，则礼乐征伐自天子出。天下无道，则礼乐
征伐自诸侯出。自诸侯出，盖十世希不失矣。自大夫出，五世希
不失矣。陪臣执国命，三世希不失矣。天下有道，则政不在大
夫。天下有道，则庶人不议。"（《季氏》第二章）

◎孔子曰："禄之去公室，五世矣。政逮于大夫，四世矣。故夫三
桓之子孙微矣。"（《季氏》第三章）

◎子曰："加我数年，五十以学，亦可以无大过矣。"（《述而》第一
六章）

（按：此章孔子自知不久将出仕于鲁，故有"加我数年学"之
慨。旧本"亦"讹作"易"。）

◎公伯寮愬子路于季孙。子服景伯以告，曰："夫子固有惑志于公
伯寮，吾力犹能肆诸市朝。"子曰："道之将行也与，命也。道之
将废也与，命也。公伯寮其如命何？"（《宪问》第三八章）

◎齐人归女乐，季桓子受之，三日不朝。孔子行。（《微子》第四
章）

◎子适卫，冉有仆。子曰："庶矣哉！"冉有曰："既庶矣，又何加
焉？"曰："富之。"曰："既富矣，又何加焉？"曰："教之。"
（《子路》第九章）

◎子曰："鲁、卫之政，兄弟也。"（《子路》第七章）

◎子见南子，子路不说。夫子矢之曰："予所否者，天厌之，天厌之。"（《雍也》第二六章）

◎子畏于匡。曰："文王既没，文不在兹乎！天之将丧斯文也，后死者不得与于斯文也。天之未丧斯文也，匡人其如予何？"（《子罕》第五章）

◎子畏于匡，颜渊后。子曰："吾以女为死矣。"曰："子在，回何敢死？"（《先进》第二二章）

◎佛肸召，子欲往。子路曰："昔者由也闻诸夫子曰：'亲于其身为不善者，君子不入也。'佛肸以中牟畔，子之往也，如之何？"子曰："然！有是言也。不曰坚乎？磨而不磷。不曰白乎？涅而不缁。吾岂匏瓜也哉？焉能系而不食！"（《阳货》第七章）

◎子贡曰："有美玉于斯，韫椟而藏诸？求善贾而沽诸？"子曰："沽之哉！沽之哉！我待贾者也。"（《子罕》第一二章）

◎子击磬于卫。有荷蒉而过孔氏之门者，曰："有心哉击磬乎！"既而，曰："鄙哉硁硁乎！莫己知也，斯己而已矣。'深则厉，浅则揭。'"子曰："果哉！末之难矣！"（《宪问》第四二章）

◎子曰："莫我知也夫！"子贡曰："何为其莫知子也？"子曰："不怨天，不尤人，下学而上达，知我者其天乎！"（《宪问》第三七章）

◎王孙贾问曰："'与其媚于奥，宁媚于灶。'何谓也？"子曰："不然。获罪于天，无所祷也。"（《八佾》第一三章）

（按：王孙贾，卫之权臣，讽孔子媚己自结也。）

◎卫灵公问陈于孔子。孔子对曰："俎豆之事，则尝闻之矣。军旅之事，未之学也。"明日遂行。（《卫灵公》第一章）

◎冉有曰："夫子为卫君乎？"子贡曰："诺。吾将问之。"入，曰："伯夷、叔齐何人也？"曰："古之贤人也。"曰："怨乎？"曰："求仁而得仁，又何怨？"出，曰："夫子不为也。"（《述而》第一四章）

◎仪封人请见，曰："君子之至于斯也，吾未尝不得见也。"从者见之。出，曰："二三子何患于丧乎？天下之无道也久矣，天将以夫子为木铎。"（《八佾》第二四章）

◎子曰："天生德于予，桓魋其如予何？"（《述而》第二二章）

◎在陈绝粮，从者病，莫能兴。子路愠见，曰："君子亦有穷乎？"子曰："君子固穷。小人穷，斯滥矣。"（《卫灵公》第一章）

◎子在陈，曰："归与！归与！吾党之小子狂简，斐然成章，不知所以裁之。"（《公冶长》第二一章）

◎叶公问孔子于子路，子路不对。子曰："女奚不曰：'其为人也，发愤忘食，乐以忘忧，不知老之将至云尔。'"（《述而》第一八章）

◎楚狂接舆歌而过孔子，曰："凤兮凤兮！何德之衰！往者不可谏，来者犹可追。已而已而！今之从政者殆而！"孔子下，欲与之言。趋而辟之，不得与之言。（《微子》第五章）

◎长沮、桀溺耦而耕，孔子过之，使子路问津焉。长沮曰："夫执舆者为谁？"子路曰："为孔丘。"曰："是鲁孔丘与？"曰："是也。"曰："是知津矣。"问于桀溺。桀溺曰："子为谁？"曰："为仲由。"曰："是鲁孔丘之徒与？"对曰："然。"曰："滔滔者，天下皆是也，而谁以易之？且而与其从辟人之士也，岂若从辟世之士哉！"耰而不辍。子路行以告。夫子怃然曰："鸟兽不可与同群，吾非斯人之徒与而谁与？天下有道，丘不与易也。"（《微子》第六章）

◎子路从而后，遇丈人，以杖荷蓧。子路问曰："子见夫子乎？"丈人曰："四体不勤，五谷不分，孰为夫子！"植其杖而芸。子路拱而立。止子路宿，杀鸡为黍而食之，见其二子焉。明日，子路行，以告。子曰："隐者也。"使子路反见之。至，则行矣。子路曰："不仕无义，长幼之节，不可废也。君臣之义，如之何其废之？欲洁其身而乱大伦。君子之仕也，行其义也。道之不行，已知之矣。"（《微子》第七章）

◎逸民：伯夷、叔齐、虞仲、夷逸、朱张、柳下惠、少连。子曰："不降其志，不辱其身，伯夷、叔齐与！"谓："柳下惠、少连，降志辱身矣。言中伦，行中虑，其斯而已矣。"谓："虞仲、夷逸，隐居放言，身中清，废中权。""我则异于是，无可无不可。"（《微子》第八章）

◎子曰："贤者辟世，其次辟地，其次辟色，其次辟言。"（《宪问》第三九章）

◎子曰："作者七人矣。"（《宪问》第四○章）

◎子路宿于石门。晨门曰："奚自？"曰："自孔氏。"曰："是知其不可而为之者与？"（《宪问》第四一章）

◎微生亩谓孔子曰："丘！何为是栖栖者与？无乃为佞乎？"孔子曰："非敢为佞也，疾固也。"（《宪问》第三四章）

◎子路曰："卫君待子而为政，子将奚先？"子曰："必也正名乎？"子路曰："有是哉！子之迂也。奚其正？"子曰："野哉由也！君子于其所不知，盖阙如也。名不正则言不顺，言不顺则事不成，事不成则礼乐不兴，礼乐不兴则刑罚不中，刑罚不中则民无所措手足。故君子名之必可言也，言之必可行也。君子于其言，无所苟而已矣。"（《子路》第三章）

◎子曰："吾自卫反鲁，然后乐正，《雅》《颂》各得其所。"（《子罕》第一四章）

◎季氏将伐颛臾。冉有、季路见于孔子，曰："季氏将有事于颛臾。"孔子曰："求！无乃尔是过与？夫颛臾，昔者先王以为东蒙主，且在邦域之中矣，是社稷之臣也，何以伐为？"冉有曰："夫子欲之，吾二臣者，皆不欲也。"孔子曰："求！周任有言曰：'陈力就列，不能者止。'危而不持，颠而不扶，则将焉用彼相矣？且尔言过矣！虎兕出于柙，龟玉毁于椟中，是谁之过与？"冉有曰："今夫颛臾，固而近于费，今不取，后世必为子孙忧。"孔子曰："求！君子疾夫舍曰欲之而必为之辞。丘也闻有国有家者，不患寡而患不均，不患贫而患不安。盖均无贫，和无寡，安无倾。夫如是，故远人不服，则修文德以来之。既来之，则安之。今由与求也，相夫子，远人不服而不能来也，邦分崩离析而不能守也，而谋动干戈于邦内。吾恐季孙之忧，不在颛臾，而在萧墙之内也。"（《季氏》第一章）

◎季氏旅于泰山。子谓冉有曰："女弗能救与？"对曰："不能。"子曰："呜呼！曾谓泰山不如林放乎？"（《八佾》第六章）

◎季氏富于周公，而求也为之聚敛而附益之。子曰："非吾徒也！小子鸣鼓而攻之可也。"（《先进》第一六章）

◎冉子退朝，子曰："何晏也?"对曰："有政。"子曰："其事也? 如有政，虽不吾以，吾其与闻之。"（《子路》第一四章）

◎子曰："凤鸟不至，河不出图，吾已矣夫！"（《子罕》第八章）

◎子在川上，曰："逝者如斯夫！不舍昼夜。"（《子罕》第一六章）

◎子曰："甚矣吾衰也！久矣吾不复梦见周公！"（《述而》第五章）

◎陈成子弑简公，孔子沐浴而朝，告于哀公，曰："陈恒弑其君，请讨之！"公曰："告夫三子。"孔子曰："以吾从大夫之后，不敢不告也。君曰：'告夫三子者！'"之三子告，不可。孔子曰："以吾从大夫之后，不敢不告也。"（《宪问》第二二章）

◎子曰："有教无类。"（《卫灵公》第三八章）

第二篇　记孔子立行传教之精神及其人格学养之造诣

◎子曰："述而不作，信而好古，窃比于我老彭。"（《述而》第一章）

◎子曰："德之不修，学之不讲，闻义不能徙，不善不能改，是吾忧也。"（《述而》第三章）

◎子曰："默而识之，学而不厌，诲人不倦，何有于我哉！"（《述而》第二章）

◎子曰："若圣与仁，则吾岂敢? 抑为之不厌，诲人不倦，则可谓云尔已矣。"公西华曰："正唯弟子不能学也。"（《述而》第三三

章）

◎子曰："二三子以我为隐乎？吾无隐乎尔！吾无行而不与二三子者，是丘也。"（《述而》第二三章）

◎子曰："予欲无言。"子贡曰："子如不言，则小子何述焉？"子曰："天何言哉？四时行焉，百物生焉，天何言哉？"（《阳货》第一九章）

◎子曰："自行束脩以上，吾未尝无诲焉。"（《述而》第七章）

◎子曰："不愤不启，不悱不发。举一隅不以三隅反，则不复也。"（《述而》第八章）

◎子以四教，文、行、忠、信。（《述而》第二四章）

◎子所雅言，《诗》《书》执礼，皆雅言也。（《述而》第一七章）

◎子不语怪、力、乱、神。（《述而》第二○章）

◎子贡曰："夫子之文章，可得而闻也。夫子之言性与天道，不可得而闻也。"（《公冶长》第一二章）

◎子罕言利，与命，与仁。（《子罕》第一章）

◎子绝四，毋意，毋必，毋固，毋我。（《子罕》第四章）

◎子曰："吾有知乎哉？无知也。有鄙夫问于我，空空如也，我叩其两端而竭焉。"（《子罕》第七章）

◎子曰："君子道者三，我无能焉。仁者不忧，知者不惑，勇者不惧。"子贡曰："夫子自道也。"（《宪问》第三○章）

◎子曰："赐也！女以予为多学而识之者与？"对曰："然。非与？"曰："非也。予一以贯之。"（《卫灵公》第二章）

◎子曰："参乎！吾道一以贯之。"曾子曰："唯。"子出，门人问

曰："何谓也?"曾子曰："夫子之道,忠恕而已矣。"(《里仁》第一五章)

◎子曰："文莫,吾犹人也。躬行君子,则吾未之有得。"(《述而》第三二章)

◎子曰："出则事公卿,入则事父兄,丧事不敢不勉,不为酒困,何有于我哉?"(《子罕》第一五章)

◎颜渊喟然叹曰："仰之弥高,钻之弥坚,瞻之在前,忽焉在后。夫子循循然善诱人,博我以文,约我以礼。欲罢不能,既竭吾才,如有所立卓尔,虽欲从之,末由也已。"(《子罕》第一〇章)

◎达巷党人曰："大哉孔子! 博学而无所成名。"子闻之,谓门弟子曰："吾何执? 执御乎? 执射乎? 吾执御矣。"(《子罕》第二章)

◎太宰问于子贡曰："夫子圣者与? 何其多能也!"子贡曰："固天纵之将圣,又多能也。"子闻之,曰："太宰知我乎? 我少也贱,故多能鄙事。君子多乎哉? 不多也。"牢曰："子云:'吾不试,故艺。'"(《子罕》第六章)

◎卫公孙朝问于子贡曰："仲尼焉学?"子贡曰："文武之道,未坠于地,在人。贤者识其大者,不贤者识其小者,莫不有文武之道焉。夫子焉不学? 而亦何常师之有?"(《子张》第二二章)

◎叔孙武叔语大夫于朝,曰："子贡贤于仲尼。"子服景伯以告子贡。子贡曰："譬之宫墙,赐之墙也及肩,窥见室家之好。夫子之墙数仞,不得其门而入,不见宗庙之美,百官之富。得其门者或寡矣。夫子之云,不亦宜乎!"(《子张》第二三章)

◎叔孙武叔毁仲尼,子贡曰："无以为也。仲尼不可毁也。他人之

贤者，丘陵也，犹可逾也。仲尼，日月也，无得而逾焉。人虽欲
自绝，其何伤于日月乎？多见其不知量也。"（《子张》第二四章）

◎陈子禽谓子贡曰："子为恭也？仲尼岂贤于子乎？"子贡曰："君
子一言以为知，一言以为不知，言不可不慎也。夫子之不可及
也，犹天之不可阶而升也。夫子之得邦家者，所谓立之斯立，道
之斯行，绥之斯来，动之斯和，其生也荣，其死也哀，如之何其
可及也！"（《子张》第二五章）

第三篇　　记孔子日常气象及其对人处世应物之微

◎子之燕居，申申如也。夭夭如也。（《述而》第四章）

◎子温而厉，威而不猛，恭而安。（《述而》第三七章）

◎子禽问于子贡曰："夫子至于是邦也，必闻其政。求之与？抑与
之与？"子贡曰："夫子温、良、恭、俭、让以得之。夫子之求之
也，其诸异乎人之求之与！"（《学而》第一〇章）

◎子曰："麻冕，礼也，今也纯，俭，吾从众。拜下，礼也，今拜
乎上，泰也。虽违众，吾从下。"（《子罕》第三章）

◎子见齐衰者，冕衣裳者，与瞽者，见之，虽少必作，过之，必
趋。（《子罕》第九章）

◎师冕见，及阶，子曰："阶也。"及席，子曰："席也。"皆坐，子
告之曰："某在斯，某在斯。"师冕出，子张问："与师言之，道
与？"子曰："然。固相师之道也。"（《卫灵公》第四一章）

◎子食于有丧者之侧，未尝饱也。子于是日哭，则不歌。（《述而》

第九章）

◎子在齐闻《韶》，三月不知肉味，曰："不图为乐之至于斯也。"

（《述而》第一三章）

◎子与人歌而善，必使反之，而后和之。（《述而》第三一章）

◎子钓而不纲，弋不射宿。（《述而》第二六章）

◎子之所慎，斋、战、疾。（《述而》第一二章）

◎子疾病，子路请祷。子曰："有诸？"子路对曰："有之。诔曰：
'祷尔于上下神祇。'"子曰："丘之祷久矣。"（《述而》第三四章）

◎子疾病，子路使门人为臣。病间，曰："久矣哉！由之行诈也！
无臣而为有臣，吾谁欺？欺天乎？且予与其死于臣之手也，无宁
死于二三子之手乎？且予纵不得大葬，予死于道路乎？"（《子罕》
第一一章）

第四篇　记孔子论学语

◎子曰："吾尝终日不食，终夜不寝，以思，无益，不如学也。"
（《卫灵公》第三〇章）

◎子曰："弟子入则孝，出则弟，谨而信，泛爱众，而亲仁。行有
余力，则以学文。"（《学而》第六章）

◎子曰："君子不重则不威。学则不固。主忠信。无友不如己者。
过则勿惮改。"（《学而》第八章）

◎子曰："君子食无求饱，居无求安，敏于事而慎于言，就有道而
正焉，可谓好学也已。"（《学而》第一四章）

◎子曰："学如不及，犹恐失之。"（《泰伯》第一七章）

◎子曰："譬如为山，未成一篑，止，吾止也。譬如平地，虽覆一篑，进，吾往也。"（《子罕》第一八章）

◎子曰："苗而不秀者有矣夫！秀而不实者有矣夫！"（《子罕》第二一章）

◎子曰："后生可畏，焉知来者之不如今也。四十、五十而无闻焉，斯亦不足畏也已！"（《子罕》第二二章）

◎子曰："古之学者为己，今之学者为人。"（《宪问》第二五章）

◎子曰："三年学，不志于谷，不易得也。"（《泰伯》第一二章）

◎孔子曰："生而知之者，上也。学而知之者，次也。困而学之，又其次也。困而不学，民斯为下矣。"（《季氏》第九章）

◎子曰："饱食终日，无所用心，难矣哉！不有博奕者乎？为之犹贤乎已。"（《阳货》第二二章）

◎子曰："知之者，不如好之者。好之者，不如乐之者。"（《雍也》第一八章）

◎子曰："学而不思，则罔。思而不学，则殆。"（《为政》第一五章）

◎子曰："可与共学，未可与适道。可与适道，未可与立。可与立，未可与权。"（《子罕》第二九章）

◎子曰："学而时习之，不亦说乎？有朋自远方来，不亦乐乎？人不知而不愠，不亦君子乎？"（《学而》第一章）

◎子曰："温故而知新，可以为师矣。"（《为政》第一一章）

◎子曰："由，诲女知之乎！知之为知之，不知为不知，是知也。"

（《为政》第一七章）

◎子曰："攻乎异端，斯害也已。"（《为政》第一六章）

◎"唐棣之华，偏其反而。岂不尔思，室是远而。"子曰："未之思也，夫何远之有？"（《子罕》第三〇章）

◎子曰："由也！女闻六言六蔽乎？"对曰："未也。""居！吾语女。好仁不好学，其蔽也愚。好知不好学，其蔽也荡。好信不好学，其蔽也贼。好直不好学，其蔽也绞。好勇不好学，其蔽也乱。好刚不好学，其蔽也狂。"（《阳货》第八章）

第五篇　记孔子论道论德论言行论交友

◎子曰："朝闻道，夕死可矣。"（《里仁》第八章）

◎子曰："谁能出不由户，何莫由斯道也！"（《雍也》第一五章）

◎子曰："人能弘道，非道弘人。"（《卫灵公》第二八章）

◎子曰："道不同，不相为谋。"（《卫灵公》第三九章）

◎子曰："三军可夺帅也，匹夫不可夺志也。"（《子罕》第二五章）

◎子曰："志于道，据于德，依于仁，游于艺。"（《述而》第六章）

◎子曰："德不孤，必有邻。"（《里仁》第二五章）

◎子曰："由！知德者鲜矣。"（《卫灵公》第三章）

◎子曰："骥不称其力，称其德也。"（《宪问》第三五章）

◎子曰："已矣乎！吾未见好德如好色者也。"（《卫灵公》第一二章）

◎子曰："笃信好学，守死善道。危邦不入，乱邦不居。天下有道

则见，无道则隐。邦有道，贫且贱焉，耻也。邦无道，富且贵焉，耻也。"（《泰伯》第一三章）

◎宪问耻。子曰："邦有道，谷。邦无道，谷，耻也。"（《宪问》第一章）

◎子曰："邦有道，危言危行。邦无道，危行言孙。"（《宪问》第四章）

◎子曰："贫而无怨，难。富而无骄，易。"（《宪问》第一一章）

◎子张问崇德辨惑。子曰："主忠信，徙义，崇德也。爱之欲其生，恶之欲其死，既欲其生，又欲其死，惑也。"（《颜渊》第一○章）

◎樊迟从游于舞雩之下，曰："敢问崇德修慝辨惑。"子曰："善哉问！先事后得，非崇德与？攻其恶，无攻人之恶，非修慝与？一朝之忿，忘其身，以及其亲，非惑与？"（《颜渊》第二一章）

◎子张问行，子曰："言忠信，行笃敬，虽蛮貊之邦行矣。言不忠信，行不笃敬，虽州里行乎哉？立则见其参于前也，在舆则见其倚于衡也，夫然后行。"子张书诸绅。（《卫灵公》第五章）

◎子曰："躬自厚而薄责于人，则远怨矣。"（《卫灵公》第一四章）

◎子曰："放于利而行，多怨。"（《里仁》第一二章）

◎或曰："以德报怨，何如？"子曰："何以报德？以直报怨，以德报德。"（《宪问》第三六章）

◎子曰："以约失之者鲜矣。"（《里仁》第二三章）

◎子贡问曰："有一言而可以终身行之者乎？"子曰："其恕乎？己所不欲，勿施于人。"（《卫灵公》第二三章）

◎子曰："不逆诈，不亿不信，抑亦先觉者，是贤乎？"（《宪问》第

三三章）

◎子张问明。子曰："浸润之谮，肤受之愬，不行焉，可谓明也已矣。浸润之谮，肤受之愬，不行焉，可谓远也已矣。"（《颜渊》第六章）

◎子曰："人无远虑，必有近忧。"（《卫灵公》第一一章）

◎子曰："见贤思齐焉，见不贤而内自省也。"（《里仁》第一七章）

◎子曰："过而不改，是谓过矣。"（《卫灵公》第二九章）

◎子曰："已矣乎！吾未见能见其过而内自讼者也。"（《公冶长》第二六章）

◎子曰："年四十而见恶焉，其终也已。"（《阳货》第二六章）

◎子曰："岁寒，然后知松柏之后凋也。"（《子罕》第二七章）

◎子曰："爱之，能勿劳乎？忠焉，能勿诲乎？"（《宪问》第八章）

◎子曰："可与言而不与之言，失人。不可与言而与之言，失言。知者不失人，亦不失言。"（《卫灵公》第七章）

◎子曰："中人以上，可以语上也。中人以下，不可以语上也。"（《雍也》第一九章）

◎子贡问友，子曰："忠告而善道之，不可则止，毋自辱焉。"（《颜渊》第二三章）

◎子曰："辞，达而已矣。"（《卫灵公》第四〇章）

◎孔子曰："益者三友，损者三友。友直，友谅，友多闻，益矣。友便辟，友善柔，友便佞，损矣。"（《季氏》第四章）

◎孔子曰："益者三乐，损者三乐。乐节礼乐，乐道人之善，乐多贤友，益矣。乐骄乐，乐佚游，乐宴乐，损矣。"（《季氏》第五

章）

◎子曰："侍于君子有三愆。言未及之而言，谓之躁。言及之而不言，谓之隐。未见颜色而言，谓之瞽。"（《季氏》第六章）

第六篇　记孔子论君子小人之辨

◎子曰："君子不器。"（《卫灵公》第三三章）

◎子曰："君子不可小知，而可大受也。小人不可大受，而可小知也。"（《卫灵公》第三三章）

◎子曰："君子周而不比，小人比而不周。"（《为政》第一四章）

◎子曰："君子和而不同，小人同而不和。"（《子路》第二三章）

◎子曰："君子易事而难说也。说之不以道，不说也。及其使人也，器之。小人难事而易说也。说之虽不以道，说也。及其使人也，求备焉。"（《子路》第二五章）

◎子曰："君子泰而不骄，小人骄而不泰。"（《子路》第二六章）

◎子曰："君子求诸己，小人求诸人。"（《卫灵公》第二〇章）

◎子曰："君子病无能焉，不病人之不己知也。"（《卫灵公》第一八章）

◎子曰："不患无位，患所以立。不患莫己知，求为可知也。"（《里仁》第一四章）

◎子曰："不患人之不己知，患其不能也。"（《宪问》第三二章）

◎子曰："君子疾没世而名不称焉。"（《卫灵公》第一九章）

◎子曰："不患人之不己知，患不知人也。"（《学而》第一六章）

◎子贡问君子，子曰："先行其言而后从之。"（《为政》第一三章）

◎子曰："君子欲讷于言而敏于行。"（《里仁》第二四章）

◎子曰："君子耻其言而过其行。"（《宪问》第二九章）

◎子曰："古者言之不出，耻躬之不逮也。"（《里仁》第二二章）

◎子曰："其言之不怍，则为之也难。"（《宪问》第二一章）

◎子曰："论笃是与，君子者乎？色庄者乎？"（《先进》第二〇章）

◎子曰："君子怀德，小人怀土。君子怀刑，小人怀惠。"（《里仁》第一一章）

◎子曰："君子喻于义，小人喻于利。"（《里仁》第一六章）

◎子曰："君子坦荡荡，小人长戚戚。"（《述而》第三六章）

◎子曰："君子成人之美，不成人之恶。小人反是。"（《颜渊》第一六章）

◎子曰："君子而不仁者有矣夫！未有小人而仁者也。"（《宪问》第七章）

◎子曰："君子上达，小人下达。"（《宪问》第二四章）

◎子曰："质胜文则野，文胜质则史。文质彬彬，然后君子。"（《雍也》第一六章）

◎子曰："君子博学于文，约之以礼，亦可以弗畔矣夫。"（《雍也》第二五章）

◎司马牛问君子。子曰："君子不忧不惧。"曰："不忧不惧，斯谓之君子矣乎？"子曰："内省不疚，夫何忧何惧？"（《颜渊》第四章）

◎子路问君子。子曰："修己以敬。"曰："如斯而已乎？"曰："修

己以安人。"曰："如斯而已乎？"曰："修己以安百姓。修己以安百姓，尧舜其犹病诸！"（《宪问》第四五章）

◎子曰："君子义以为质，礼以行之，孙以出之，信以成之，君子哉！"（《卫灵公》第一七章）

◎子曰："君子之于天下也，无适也，无莫也，义之与比。"（《里仁》第一〇章）

◎子曰："君子矜而不争，群而不党。"（《卫灵公》》第二一章）

◎子曰："君子无所争，必也射乎？揖让而升下，而饮，其争也君子。"（《八佾》第七章

◎子曰："君子不以言举人，不以人废言。"（《卫灵公》第二二章）

◎子曰："君子谋道不谋食。耕也，馁在其中矣。学也，禄在其中矣。君子忧道不忧贫。"（《卫灵公》第三一章）

◎子曰："君子贞而不谅。"（《卫灵公》第三六章）

◎子曰："不知命，无以为君子也。不知礼，无以立也。不知言，无以知人也。"（《尧曰》第三章）

◎孔子曰："君子有三戒。少之时，血气未定，戒之在色。及其壮也，血气方刚，戒之在斗。及其老也，血气既衰，戒之在得。"（《季氏》第七章

◎孔子曰："君子有三畏。畏天命，畏大人，畏圣人之言。小人不知天命而不畏也。狎大人。侮圣人之言。"（《季氏》第八章）

◎孔子曰："君子有九思。视思明，听思聪，色思温，貌思恭，言思忠，事思敬，疑思问，忿思难，见得思义。"（《季氏》第一〇章）

◎子路曰："君子尚勇乎？"子曰："君子义以为上。君子有勇而无义为乱，小人有勇而无义为盗。"（《阳货》第二三章）

◎子贡曰："君子亦有恶乎？"子曰："有恶。恶称人之恶者。恶居下流而讪上者。恶勇而无礼者。恶果敢而窒者。"曰："赐也，亦有恶乎？""恶徼以为知者。恶不孙以为勇者。恶讦以为直者。"（《阳货》第二四章）

◎宰我问曰："仁者虽告之曰：'井有人焉。'其从之也？"子曰："何为其然也？君子可逝也，不可陷也。可欺也，不可罔也。"（《雍也》第二四章）

第七篇　记孔子论士论善人论中行论狂狷论直论人品

◎子贡问曰："何如斯可谓之士矣？"子曰："行己有耻，使于四方，不辱君命，可谓士矣。"曰："敢问其次。"曰："宗族称孝焉，乡党称弟焉。"曰："敢问其次。"曰："言必信，行必果，硁硁然小人哉！抑亦可以为次矣。"曰："今之从政者何如？"子曰："噫！斗筲之人，何足算也！"（《子路》第二〇章）

◎子路问曰："何如斯可谓之士矣？"子曰："切切，偲偲，怡怡如也，可谓士矣。朋友切切偲偲，兄弟怡怡。"（《子路》第二八章）

◎子曰："士志于道，而耻恶衣恶食者，未足与议也。"（《里仁》第九章）

◎子曰："士而怀居，不足以为士矣。"（《宪问》第三章）

◎子曰："圣人，吾不得而见之矣！得见君子者斯可矣！"子曰：

"善人，吾不得而见之矣！得见有恒者斯可矣！亡而为有，虚而为盈，约而为泰，难乎有恒矣。"（《述而》第二五章）

◎子张问善人之道。子曰："不践迹，亦不入于室。"（《先进》第一九章）

◎子曰："南人有言曰：'人而无恒，不可以作巫医。'善夫！'不恒其德，或承之羞。'"子曰："不占而已矣！"（《子路》第二二章）

◎子路问成人。子曰："若臧武仲之知，公绰之不欲，卞庄子之勇，冉求之艺，文之以礼乐，亦可以为成人矣。"曰："今之成人者何必然。见利思义，见危授命，久要不忘平生之言，亦可以为成人矣。"（《宪问》第一三章）

◎子曰："性相近也，习相远也。"（《阳货》第二章）

◎子曰："唯上知与下愚不移。"（《阳货》第三章）

◎子曰："中庸之为德也，其至矣乎！民鲜久矣。"（《雍也》第二七章）

◎子曰："不得中行而与之，必也狂狷乎！狂者进取，狷者有所不为也。"（《子路》第二一章）

◎子曰："乡愿，德之贼也。"（《阳货》第一三章）

◎子曰："道听而涂说，德之弃也。"（《阳货》第一四章）

◎子曰："人之生也直，罔之生也幸而免。"（《雍也》第一七章）

◎子曰："古者民有三疾，今也或是之亡也。古之狂也肆，今之狂也荡。古之矜也廉，今之矜也忿戾。古之愚也直，今之愚也诈而已矣。"（《阳货》第一六章）

◎子贡问曰："乡人皆好之，何如？"子曰："未可也。""乡人皆恶

之，何如？"子曰："未可也。不如乡人之善者好之，其不善者恶之。"（《子路》第二四章）

◎子曰："众恶之，必察焉。众好之，必察焉。"（《卫灵公》第二七章）

◎子曰："吾之于人也，谁毁谁誉？如有所誉者，其有所试矣。斯民也，三代之所以直道而行也。"（《卫灵公》第二四章）

◎叶公语孔子曰："吾党有直躬者，其父攘羊，而子证之。"孔子曰："吾党之直者异于是。父为子隐，子为父隐，直在其中矣。"（《子路》第一八章）

◎子曰："狂而不直，侗而不愿，悾悾而不信，吾不知之矣。"（《泰伯》第一六章）

◎子曰："恶紫之夺朱也，恶郑声之乱雅乐也，恶利口之覆邦家者。"（《阳货》第一八章）

◎孔子曰："'见善如不及，见不善如探汤。'吾见其人矣，吾闻其语矣。'隐居以求其志，行义以达其道。'吾闻其语矣，未见其人也。"（《季氏》第一章）

◎子曰："吾犹及史之阙文也，有马者借人乘之，今亡已夫！"（《卫灵公》第二五章）

◎子曰："巧言乱德，小不忍则乱大谋。"（《卫灵公》第二六章）

◎子曰："不曰'如之何如之何'者，吾末如之何也已矣。"（《卫灵公》第一五章）

◎子曰："群居终日，言不及义，好行小慧，难哉矣！"（《卫灵公》第一六章）

◎子曰："法语之言，能无从乎？改之为贵。巽与之言，能无说乎？绎之为贵。说而不绎，从而不改，吾末如之何也已矣！"（《子罕》第二三章）

◎子曰："如有周公之才之美，使骄且吝，其余不足观也已。"（《泰伯》第一一章）

◎子曰："人而无信，不知其可也。大车无輗，小车无軏，其何以行之哉？"（《为政》第二二章）

◎子曰："唯女子与小人为难养也。近之则不孙，远之则怨。"（《阳货》第二五章）

◎子曰："色厉而内荏，譬诸小人，其犹穿窬之盗也与！"（《阳货》第一二章）

第八篇　记孔子论仁

◎子曰："刚、毅、木、讷近仁。"（《子路》第二七章）

◎子曰："巧言令色，鲜矣仁。"（《学而》第三章）

◎"克、伐、怨、欲不行焉，可以为仁矣？"子曰："可以为难矣，仁则吾不知也。"（《宪问》第二章）

◎子曰："里仁为美，择不处仁，焉得知！"（《里仁》第一章）

◎子曰："不仁者，不可以久处约，不可以长处乐。仁者安仁，知者利仁。"（《里仁》第二章）

◎子曰："惟仁者能好人，能恶人。"（《里仁》第三章）

◎子曰："苟志于仁矣，无恶也。"（《里仁》第四章）

◎子曰："富与贵，是人之所欲也，不以其道，得之不处也。贫与贱，是人之所恶也，不以其道，得之不去也。君子去仁，恶乎成名？君子无终食之间违仁。造次必于是，颠沛必于是。"（《里仁》第五章）

◎子曰："我未见好仁者，恶不仁者。好仁者，无以尚之。恶不仁者，其为仁矣，不使不仁者加乎其身。有能一日用其力于仁矣乎？我未见力不足者。盖有之矣，我未之见也。"（《里仁》第六章）

◎子曰："人之过也，各于其党。观过，斯知仁矣。"（《里仁》第七章）

◎樊迟问知，子曰："务民之义，敬鬼神而远之，可谓知矣。"问仁，曰："仁者先难而后获，可谓仁矣。"（《雍也》第二〇章）

◎子曰："知者乐水，仁者乐山。知者动，仁者静。知者乐，仁者寿。"（《雍也》第二一章）

◎子贡曰："如有博施于民而能济众，何如？可谓仁乎？"子曰："何事于仁，必也圣乎？尧舜其犹病诸！夫仁者，己欲立而立人，己欲达而达人。能近取譬，可谓仁之方也已。"（《雍也》第二八章）

◎子曰："仁远乎哉！我欲仁，斯仁至矣。"（《述而》第二九章）

◎子曰："好勇疾贫，乱也。人而不仁，疾之已甚，乱也。"（《泰伯》第一〇章）

◎颜渊问仁。子曰："克己复礼为仁。一日克己复礼，天下归仁焉。为仁由己，而由人乎哉？"颜渊曰："请问其目。"子曰："非礼勿

视，非礼勿听，非礼勿言，非礼勿动。"颜渊曰："回虽不敏，请事斯语矣。"（《颜渊》第一章）

◎仲弓问仁。子曰："出门如见大宾，使民如承大祭。己所不欲，勿施于人。在邦无怨，在家无怨。"仲弓曰："雍虽不敏，请事斯语矣。"（《颜渊》第二章）

◎司马牛问仁。子曰："仁者其言也讱。"曰："其言也讱，斯谓之仁矣乎?"子曰："为之难，言之得无讱乎?"（《颜渊》第三章）

◎樊迟问仁。子曰："爱人。"问知。子曰："知人。"樊迟未达。子曰："举直错诸枉，能使枉者直。"樊迟退，见子夏，曰："乡也，吾见于夫子而问知，子曰：'举直错诸枉，能使枉者直。'何谓也?"子夏曰："富哉言乎！舜有天下，选于众，举皋陶，不仁者远矣。汤有天下，选于众，举伊尹，不仁者远矣。"（《颜渊》第二二章）

◎子曰："如有王者，必世而后仁。"（《子路》第一二章）

◎樊迟问仁。子曰："居处恭，执事敬，与人忠，虽之夷狄，不可弃也。"（《子路》第一九章）

◎子曰："有德者必有言，有言者不必有德。仁者必有勇，勇者不必有仁。"（《宪问》第五章）

◎子曰："志士仁人，无求生以害仁，有杀身以成仁。"（《卫灵公》第八章）

◎子贡问为仁，子曰："工欲善其事，必先利其器。居其邦也，事其大夫之贤者，友其士之仁者。"（《卫灵公》第九章）

◎子曰："民之于仁也，甚于水火。水火，吾见蹈而死者矣，未见

蹈仁而死者也。"（《卫灵公》第三四章）

◎子曰："当仁，不让于师。"（《卫灵公》第三五章）

◎子张问仁于孔子。孔子曰："能行五者于天下，为仁矣。"请问
之。曰："恭、宽、信、敏、惠。恭则不侮，宽则得众，信则人
任焉，敏则有功，惠则足以使人。"（《阳货》第六章）

第九篇　记孔子论礼乐

◎子曰："人而不仁如礼何！人而不仁如乐何！"（《八佾》第三章）

◎林放问礼之本。子曰："大哉问！礼，与其奢也宁俭。丧，与其
易也宁戚。"（《八佾》第四章）

◎子曰："奢则不孙，俭则固。与其不孙也，宁固。"（《述而》第三
五章）

◎子夏问曰："巧笑倩兮，美目盼兮，素以为绚兮，何谓也?"子
曰："绘事后素。"曰："礼后乎?"子曰："起予者商也，始可与
言《诗》已矣。"（《八佾》第八章）

◎子贡曰："贫而无谄，富而无骄，何如?"子曰："可也。未若贫
而乐，富而好礼者也。"子贡曰："《诗》云：'如切如磋，如琢如
磨。'其斯之谓与?"子曰："赐也！始可与言《诗》已矣。告诸
往而知来者。"（《学而》第一五章）

◎子曰："《关雎》乐而不淫，哀而不伤。"（《八佾》第二〇章）

◎子语鲁太师乐，曰："乐其可知也。始作，翕如也。从之，纯如
也，皦如也，绎如也。以成。"（《八佾》第二三章）

◎子曰："居上不宽，为礼不敬，临丧不哀，吾何以观之哉？"（《八佾》第二六章）

◎子曰："能以礼让为国乎，何有？不能以礼让为国，如礼何？"（《里仁》第一三章）

◎子曰："恭而无礼则劳。慎而无礼则葸。勇而无礼则乱。直而无礼则绞。君子笃于亲，则民兴于仁。故旧不遗，则民不偷。"（《泰伯》第二章）

◎子曰："兴于《诗》，立于礼，成于乐。"（《泰伯》第八章）

◎子曰："师挚之始，《关雎》之乱，洋洋乎盈耳哉！"（《泰伯》第一五章）

◎子曰："先进于礼乐，野人也。后进于礼乐，君子也。如用之，则吾从先进。"（《先进》第一章）

◎子曰："上好礼，则民易使也。"（《宪问》第四四章）

◎子曰："知及之，仁不能守之，虽得之，必失之。知及之，仁能守之，不庄以莅之，则民不敬。知及之，仁能守之，庄以莅之，动之不以礼，未善也。"（《卫灵公》第三二章）

◎陈亢问于伯鱼曰："子亦有异闻乎？"对曰："未也。尝独立，鲤趋而过庭。曰：'学《诗》乎？'对曰：'未也。''不学《诗》，无以言。'鲤退而学《诗》。他日，又独立，鲤趋而过庭。曰：'学礼乎？'对曰：'未也。''不学礼，无以立。'鲤退而学礼。闻斯二者。"陈亢退而喜曰："问一得三。闻《诗》，闻礼，又闻君子之远其子也。"（《季氏》第一三章）

◎子曰："《诗》三百，一言以蔽之，曰：'思无邪。'"（《为政》第

二章)

◎子曰:"小子何莫学夫《诗》?《诗》可以兴,可以观,可以群,可以怨。迩之事父,远之事君。多识于鸟兽草木之名。"(《阳货》第九章)

◎子谓伯鱼曰:"女为《周南》《召南》矣乎?人而不为《周南》《召南》,其犹正墙面而立也与!"(《阳货》第一〇章)

◎子曰:"诵《诗》三百,授之以政,不达。使于四方,不能专对。虽多,亦奚以为?"(《子路》第五章)

◎子曰:"礼云礼云,玉帛云乎哉?乐云乐云,钟鼓云乎哉?"(《阳货》第一一章)

◎子张问:"十世可知也?"子曰:"殷因于夏礼,所损益可知也。周因于殷礼,所损益可知也。其或继周者,虽百世可知也。"(《为政》第二三章)

◎子曰:"夏礼吾能言之,杞不足征也。殷礼吾能言之,宋不足征也。文献不足故也。足,则吾能征之矣。"(《八佾》第九章)

◎子曰:"禘自既灌而往者,吾不欲观之矣。"(《八佾》第一〇章)

◎或问禘之说。子曰:"不知也,知其说者之于天下也,其如示诸斯乎?"指其掌。(《八佾》第一一章)

◎祭如在,祭神如神在。子曰:"吾不与祭,如不祭。"(《八佾》第一二章)

◎季路问事鬼神。子曰:"未能事人,焉能事鬼?""敢问死?"曰:"未知生,焉知死。"(《先进》第一一章)

◎子曰:"非其鬼而祭之,谄也。见义不为,无勇也。"(《为政》第

二四章）

◎子曰："射不主皮，为力不同科，古之道也。"（《八佾》第一六
　　章）

◎子贡欲去告朔之饩羊。子曰："赐也！尔爱其羊，我爱其礼。"
（《八佾》第一七章）

◎子曰："觚不觚，觚哉！觚哉！"（《雍也》第二三章）

◎子曰："夷狄之有君，不如诸夏之亡也。"（《八佾》第五章）

第十篇　记孔子论孝

◎子曰："父在观其志，父没观其行。三年无改于父之道，可谓孝
　　矣。"（《学而》第一一章）

◎孟懿子问孝，子曰："无违。"樊迟御，子告之曰："孟孙问孝于
　　我，我对曰：'无违。'"樊迟曰："何谓也?"子曰："生，事之以
　　礼。死，葬之以礼，祭之以礼。"（《为政》第五章）

◎孟武伯问孝，子曰："父母唯其疾之忧。"（《为政》第六章）

◎子游问孝，子曰："今之孝者，是谓能养。至于犬马，皆能有养。
　　不敬，何以别乎?"（《为政》第七章）

◎子夏问孝，子曰："色难。有事，弟子服其劳。有酒食，先生馔。
　　曾是以为孝乎?"（《为政》第八章）

◎子曰："事父母，几谏，见志不从，又敬不违，劳而不怨。"（《里
　　仁》第一八章）

◎子曰："父母在，不远游，游必有方。"（《里仁》第一九章）

◎子曰："父母之年不可不知也。一则以喜，一则以惧。"（《里仁》第二一章）

◎子张曰："《书》云：'高宗谅阴，三年不言。'何谓也?"子曰："何必高宗，古之人皆然。君薨，百官总己以听于冢宰，三年。"（《宪问》第四三章）

◎宰我问："三年之丧，期已久矣。君子三年不为礼，礼必坏。三年不为乐，乐必崩。旧谷既没，新谷既升，钻燧改火，期已可矣。"子曰："食夫稻，衣夫锦，于女安乎?"曰："安。""女安则为之。夫君子之居丧，食旨不甘，闻乐不乐，居处不安，故不为也。今女安则为之。"宰我出，子曰："予之不仁也！子生三年，然后免于父母之怀。夫三年之丧，天下之通丧也。予也，有三年之爱于其父母乎?"（《阳货》第二一章）

第十一篇　记孔子论政

◎子曰："道千乘之国，敬事而信，节用而爱人，使民以时。"（《学而》第五章）

◎子曰："为政以德，譬如北辰，居其所而众星拱之。"（《为政》第一章）

◎子曰："道之以政，齐之以刑，民免而无耻。道之以德，齐之以礼，有耻且格。"（《为政》第三章）

◎哀公问曰："何为则民服?"孔子对曰："举直错诸枉，则民服。举枉错诸直，则民不服。"（《为政》第一九章）

◎季康子问："使民敬忠以劝，如之何？"子曰："临之以庄，则敬。孝慈，则忠。举善而教不能，则劝。"（《为政》第二〇章）

◎定公问："君使臣，臣事君，如之何？"孔子对曰："君使臣以礼，臣事君以忠。"（《八佾》第一九章）

◎子曰："事君尽礼，人以为谄也。"（《八佾》第一八章）

◎子曰："民可使由之，不可使知之。"（《泰伯》第九章）

◎子贡问政。子曰："足食，足兵，民信之矣。"子贡曰："必不得已而去，于斯三者何先？"曰："去兵。"子贡曰："必不得已而去，于斯二者何先？"曰："去食。自古皆有死，民无信不立。"（《颜渊》第七章）

◎子曰："听讼，吾犹人也，必也使无讼乎！"（《颜渊》第一三章）

◎季康子问政于孔子。孔子对曰："政者，正也。子帅以正，孰敢不正？"（《颜渊》第一七章）

◎子曰："其身正，不令而行。其身不正，虽令不从。"（《子路》第六章）

◎子曰："苟正其身矣，于从政乎何有？不能正其身，如正人何？"（《子路》第一三章）

◎季康子患盗，问于孔子。孔子对曰："苟子之不欲，虽赏之不窃。"（《颜渊》第一八章）

◎季康子问政于孔子，曰："如杀无道以就有道，何如？"孔子对曰："子为政，焉用杀？子欲善而民善矣。君子之德，风。小人之德，草。草，上之风，必偃。"（《颜渊》第一九章）

◎子张问政。子曰："居之无倦，行之以忠。"（《颜渊》第一四章）

◎子路问政。子曰："先之劳之。"请益。曰："无倦。"（《子路》第一章）

◎仲弓为季氏宰，问政。子曰："先有司，赦小过，举贤才。"曰："焉知贤才而举之？"子曰："举尔所知，尔所不知，人其舍诸？"（《子路》第二章）

◎子曰："'善人为邦百年，亦可以胜残去杀矣。'诚哉是言也！"（《子路》第一一章）

◎定公问："一言而可以兴邦，有诸？"孔子对曰："言不可以若是其几也。人之言曰：'为君难，为臣不易。'如知为君之难也，不几一言而兴邦乎？"曰："一言而丧邦，有诸？"孔子对曰："言不可以若是其几也。人之言曰：'予无乐乎为君，唯其言而莫予违也。'如其善而莫之违也，不亦善乎？如不善而莫之违也，不几乎一言而丧邦乎？"（《子路》第一五章）

◎叶公问政，子曰："近者说，远者来。"（《子路》第一六章）

◎子夏为莒父宰，问政。子曰："无欲速，无见小利。欲速则不达，见小利则大事不成。"（《子路》第一七章）

◎子曰："善人教民七年，亦可以即戎矣。"（《子路》第二九章）

◎子曰："以不教民战，是谓弃之。"（《子路》第三〇章）

◎子路问事君，子曰："勿欺也，而犯之。"（《宪问》第二三章）

◎颜渊问为邦。子曰："行夏之时，乘殷之辂，服周之冕，乐则《韶》舞。放郑声，远佞人。郑声淫，佞人殆。"（《卫灵公》第一〇章）

◎子之武城，闻弦歌之声。夫子莞尔而笑曰："割鸡焉用牛刀？"子游对曰："昔者偃也闻诸夫子曰：'君子学道则爱人，小人学道则易使也。'"子曰："二三子！偃之言是也。前言戏之耳。"（《阳货》第四章）

◎子曰："事君，敬其事而后其食。"（《卫灵公》第三七章）

◎子曰："鄙夫可与事君也与哉！其未得之也，患得之。既得之，患失之。苟患失之，无所不至矣。"（《阳货》第一五章）

◎子张问于孔子曰："何如斯可以从政矣？"子曰："君子惠而不费，劳而不怨，欲而不贪，泰而不骄，威而不猛。"子张曰："何谓惠而不费？"子曰："因民之所利而利之，斯不亦惠而不费乎？择可劳而劳之，又谁怨？欲仁得仁，又焉贪？君子无众寡，无小大，无敢慢，斯不亦泰而不骄乎？君子正其衣冠，尊其瞻视，俨然人望而畏之，斯不亦威而不猛乎？"子张曰："何谓四恶？"子曰："不教而杀谓之虐。不戒视成谓之暴。慢令致期谓之贼。犹之与人也，出纳之吝，谓之有司。"（《尧曰》第二章）

◎子张学干禄。子曰："多闻阙疑，慎言其余，则寡尤。多见阙殆，慎行其余，则寡悔。言寡尤，行寡悔，禄在其中矣。"（《为政》第一八章）

◎子曰："不在其位，不谋其政。"（《泰伯》第一四章）

◎子张问："士，何如斯可谓之达矣？"子曰："何哉，尔所谓达者？"子张对曰："在邦必闻，在家必闻。"子曰："是闻也，非达也。夫达也者，质直而好义，察言而观色，虑以下人，在邦必达，在家必达。夫闻也者，色取仁而行违，居之不疑，在邦必闻，在家必闻。"（《颜渊》第二〇章）

◎樊迟请学稼。子曰："吾不如老农。"请学为圃。曰："吾不如老圃。"樊迟出，子曰："小人哉！樊须也！上好礼，则民莫敢不敬。上好义，则民莫敢不服。上好信，则民莫敢不用情。夫如是，则四方之民襁负其子而至矣，焉用稼?"(《子路》第四章)

第十二篇　记孔子论古今人物贤否得失

◎子曰："大哉！尧之为君也。巍巍乎！唯天为大，唯尧则之。荡荡乎！民无能名焉。巍巍乎！其有成功也。焕乎！其有文章。"(《泰伯》第一九章)

◎子曰："无为而治者，其舜也与！夫何为哉？恭己正南面而已矣。"(《卫灵公》第四章)

◎子曰："巍巍乎！舜禹之有天下也，而不与焉。"(《泰伯》第一八章)

◎子曰："禹，吾无间然矣。菲饮食而致孝乎鬼神，恶衣服而致美乎黻冕，卑宫室而尽力乎沟洫。禹，吾无间然矣。"(《泰伯》第二一章)

◎微子去之，箕子为之奴，比干谏而死。孔子曰："殷有三仁焉。"(《微子》第一章)

◎子曰："泰伯，其可谓至德也已矣！三以天下让，民无得而称焉。"(《泰伯》第一章)

◎舜有臣五人而天下治。武王曰："予有乱臣十人。"孔子曰："才难，不其然乎！唐虞之际，于斯为盛。有妇人焉，九人而已。三分天下有其二，以服事殷，周之德，其可谓至德也已矣！"（《泰伯》第二〇章）

◎子谓《韶》："尽美矣，又尽善也。"谓《武》："尽美矣，未尽善也。"（《八佾》第二五章）

◎子曰："周监于二代，郁郁乎文哉！吾从周。"（《八佾》第一四章）

◎子曰："伯夷、叔齐，不念旧恶，怨是用希。"（《公冶长》第二二章）

◎子曰："齐一变，至于鲁。鲁一变，至于道。"（《雍也》第二二章）

◎子曰："晋文公谲而不正，齐桓公正而不谲。"（《宪问》第一六章）

◎子路曰："桓公杀公子纠，召忽死之，管仲不死。"曰："未仁乎？"子曰："桓公九合诸侯，不以兵车，管仲之力也。如其仁。如其仁。"（《宪问》第一七章）

◎子贡曰："管仲非仁者与？桓公杀公子纠，不能死，又相之。"子曰："管仲相桓公，霸诸侯，一匡天下，民到于今受其赐。微管仲，吾其被发左衽矣。岂若匹夫匹妇之为谅也，自经于沟渎而莫之知也！"（《宪问》第一八章）

◎子曰："管仲之器小哉！"或曰："管仲俭乎？"曰："管氏有三归，官事不摄，焉得俭？""然则管仲知礼乎？"曰："邦君树塞门，管氏亦树塞门。邦君为两君之好有反坫，管氏亦有反坫。管氏而知

礼，孰不知礼？"（《八佾》第二二章）

◎子曰："臧文仲居蔡，山节藻棁，何如其知也？"（《公冶长》第一七章）

◎子曰："臧文仲，其窃位者与！知柳下惠之贤而不与立也。"（《卫灵公》第一三章）

◎季文子三思而后行，子闻之，曰："再，斯可矣。"（《公冶长》第一九章）

◎子曰："宁武子，邦有道则知，邦无道则愚。其知可及也，其愚不可及也。"（《公冶长》第二〇章）

◎子张问曰："令尹子文三仕为令尹，无喜色。三已之，无愠色。旧令尹之政，必以告新令尹。何如？"子曰："忠矣。"曰："仁矣乎？"曰："未知，焉得仁？""崔子弑齐君，陈文子有马千乘，弃而违之。至于他邦，则曰：'犹吾大夫崔子也。'违之。之一邦，则又曰：'犹吾大夫崔子也。'违之。何如？"子曰："清矣。"曰："仁矣乎？"曰："未知，焉得仁？"（《公冶长》第一八章）

◎子谓子产："有君子之道四焉。其行己也恭，其事上也敬，其养民也惠，其使民也义。"（《公冶长》第一五章）

◎子曰："为命，裨谌草创之，世叔讨论之，行人子羽修饰之，东里子产润色之。"（《宪问》第九章）

◎或问子产。子曰："惠人也。"问子西。曰："彼哉！彼哉！"问管仲。曰："人也。夺伯氏骈邑三百，饭疏食，没齿无怨言。"（《宪问》第一〇章）

◎子曰："臧武仲以防求为后于鲁，虽曰不要君，吾不信也。"（《宪

问》第一五章）

◎子曰："晏平仲善与人交，久而敬之。"（《公冶长》第一六章）

◎子曰："孟公绰，为赵、魏老则优，不可以为滕、薛大夫。"（《宪问》第一二章）

◎子贡问曰："孔文子，何以谓之文也？"子曰："敏而好学，不耻下问，是以谓之文也。"（《公冶长》第一四章）

◎公孙文子之臣大夫僎，与文子同升诸公。子闻之，曰："可以谓文矣。"（《宪问》第一九章）

◎子问公叔文子于公明贾曰："信乎？夫子不言不笑不取乎？"公明贾对曰："以告者过也。夫子时然后言，人不厌其言。乐然后笑，人不厌其笑。义然后取，人不厌其取。"子曰："其然，岂其然乎？"（《宪问》第一四章）

◎蘧伯玉使人于孔子，孔子与之坐而问焉。曰："夫子何为？"对曰："夫子欲寡其过而未能也。"使者出。子曰："使乎！使乎！"（《宪问》第二六章）

◎子曰："直哉史鱼！邦有道，如矢。邦无道，如矢。君子哉蘧伯玉！邦有道，则仕。邦无道，则可卷而怀之。"（《卫灵公》第六章）

◎子言卫灵公之无道也。康子曰："夫如是，奚而不丧？"孔子曰："仲叔圉治宾客，祝鮀治宗庙，王孙贾治军旅。夫如是，奚其丧！"（《宪问》第二〇章）

◎子曰："不有祝鮀之佞，而有宋朝之美，难乎免于今之世矣！"（《雍也》第一四章）

◎子谓卫公子荆善居室。始有,曰:"苟合矣。"少有,曰:"苟完矣。"富有,曰:"苟美矣。"(《子路》第八章)

◎子曰:"孟之反不伐。奔而殿,将入门,策其马,曰:'非敢后也,马不进也。'"(《雍也》第一三章)

◎子曰:"孰谓微生高直?或乞醯焉,乞诸其邻而与之。"(《公冶长》第二三章)

◎子曰:"巧言令色足恭,左丘明耻之,丘亦耻之。匿怨而友其人,左丘明耻之,丘亦耻之。"(《公冶长》第二四章)

◎原壤夷俟。子曰:"幼而不孙弟,长而无述焉,老而不死,是为贼。"以杖叩其胫。(《宪问》第四六章)

◎阙党童子将命。或问之,曰:"益者与?"子曰:"吾见其居于位也,见其与先生并行也,非求益者也,欲速成者也。"(《宪问》第四七章)

◎孺悲欲见孔子,孔子辞以疾。将命者出户,取瑟而歌,使之闻之。(《阳货》第二〇章)

◎互乡难与言。童子见,门人惑。子曰:"与其进也,不与其退也,唯何甚?人洁己以进,与其洁也,不保其往也。"(《述而》第二八章)

◎陈司败问:"昭公知礼乎?"孔子曰:"知礼。"孔子退,揖巫马期而进之,曰:"吾闻君子不党,君子亦党乎?君取于吴为同姓,谓之吴孟子。君而知礼,孰不知礼?"巫马期以告。子曰:"丘也幸,苟有过,人必知之。"(《述而》第三〇章)

第十三篇　记孔子评弟子贤否

◎子曰："从我于陈蔡者，皆不及门也。"德行：颜渊，闵子骞，冉伯牛，仲弓。言语：宰我，子贡。政事：冉有，季路。文学：子游，子夏。（《先进》第二章）

◎子曰："吾与回言，终日不违，如愚。退而省其私，亦足以发。回也不愚。"（《为政》第九章）

◎子曰："回也，非助我者也，于吾言无所不说。"（《先进》第三章）

◎子曰："语之而不惰者，其回也与！"（《子罕》第一九章）

◎子曰："回也，其心三月不违仁，其余则日月至焉而已矣。"（《雍也》第五章）

◎子曰："贤哉回也！一箪食，一瓢饮，在陋巷。人不堪其忧，回也不改其乐。贤哉回也！"（《雍也》第九章）

◎哀公问："弟子孰为好学？"孔子对曰："有颜回者好学，不迁怒，不贰过，不幸短命死矣。今也则亡，未闻好学者也。"（《雍也》第二章）

◎子谓颜渊，曰："惜乎！吾见其进也，未见其止也。"（《子罕》第二〇章）

◎颜渊死，子曰："噫！天丧予！天丧予！"（《先进》第八章）

◎颜渊死，子哭之恸。从者曰："子恸矣。"曰："有恸乎？非夫人之为恸而谁为？"（《先进》第八章）

◎颜渊死，门人欲厚葬之。子曰："不可！"门人厚葬之。子曰："回也，视予犹父也，予不得视犹子也。非我也，夫二三子也。"（《先进》第一〇章）

◎颜渊死，颜路请子之车以为之椁。子曰："才不才，亦各言其子也。鲤也死，有棺而无椁。吾不徒行以为之椁，以吾从大夫之后，不可徒行也。"（《先进》第七章）

◎子曰："孝哉闵子骞！人不间于其父母昆弟之言。"（《先进》第四章）

◎季氏使闵子骞为费宰。闵子骞曰："善为我辞焉！如有复我者，则吾必在汶上矣！"（《雍也》第七章）

◎鲁人为长府。闵子骞曰："仍旧贯，如之何？何必改作？"子曰："夫人不言，言必有中。"（《先进》第一三章）

◎伯牛有疾。子问之，自牖执其手，曰："亡之，命矣夫！斯人也，而有斯疾也！斯人也，而有斯疾也！"（《雍也》第八章）

◎子谓仲弓曰："犁牛之子骍且角，虽欲勿用，山川其舍诸？"（《雍也》第四章）

◎子曰："雍也，可使南面。"仲弓问子桑伯子，子曰："可也，简。"仲弓曰："居敬而行简，以临其民，不亦可乎？居简而行简，无乃太简乎？"子曰："雍之言然。"（《雍也》第一章）

◎或曰："雍也，仁而不佞。"子曰："焉用佞！御人以口给，屡憎于人。不知其仁，焉用佞！"（《公冶长》第四章）

◎宰予昼寝。子曰："朽木不可雕也，粪土之墙不可圬也。于予与何诛！"子曰："始吾于人也，听其言而信其行。今吾于人也，听

其言而观其行。于予与改是。"（《公冶长》第九章）

◎哀公问社于宰我，宰我对曰："夏后氏以松，殷人以柏，周人以栗，曰：'使民战栗。'"子闻之，曰："成事不说，遂事不谏，既往不咎。"（《八佾》第二一章）

◎子谓子贡曰："女与回也孰愈？"对曰："赐也，何敢望回？回也闻一以知十，赐也闻一以知二。"子曰："弗如也。吾与女弗如也。"（《公冶长》第八章）

◎子曰："回也其庶乎！屡空。赐不受命而货殖焉，亿则屡中。"（《先进》第一八章）

◎子贡曰："我不欲人之加诸我也，吾亦欲无加诸人。"子曰："赐也！非尔所及也。"（《公冶长》第一一章）

◎子贡问曰："赐也何如？"子曰："女，器也。"曰："何器也？"曰："瑚琏也。"（《公冶长》第三章）

◎子贡方人。子曰："赐也贤乎哉！夫我则不暇。"（《宪问》第三一章）

◎冉求曰："非不悦子之道，力不足也。"子曰："力不足者，中道而废。今女画。"（《雍也》第一○章）

◎子曰："衣敝缊袍，与衣狐貉者立，而不耻者，其由也与！""不忮不求，何用不臧？"子路终身诵之。子曰："是道也，何足以臧？"（《子罕》第二六章）

◎闵子侍侧，訚訚如也。子路，行行如也。冉有、子贡，侃侃如也。子乐。"若由也，不得其死然。"（《先进》第一二章）

◎子曰："由之瑟，奚为于丘之门？"门人不敬子路。子曰："由也

升堂矣，未入于室也。"（《先进》第一四章）

◎柴也愚，参也鲁，师也辟，由也喭。（《先进》第一七章）

◎子曰："片言可以折狱者，其由也与！"子路无宿诺。（《颜渊》第一二章）

◎子路问："闻斯行诸？"子曰："有父兄在，如之何其闻斯行之？"冉有问："闻斯行诸？"子曰："闻斯行之。"公西华曰："由也问：'闻斯行诸？'子曰：'有父兄在。'求也问：'闻斯行诸？'子曰：'闻斯行之。'赤也惑，敢问。"子曰："求也退，故进之。由也兼人，故退之。"（《先进》第二一章）

◎子路有闻，未之能行，唯恐有闻。（《公冶长》第一三章）

◎孟武伯问："子路仁乎？"子曰："不知也。"又问。子曰："由也，千乘之国，可使治其赋也，不知其仁也。""求也何如？"子曰："求也，千室之邑，百乘之家，可使为之宰也，不知其仁也。""赤也何如？"子曰："赤也，束带立于朝，可使与宾客言也，不知其仁也。"（《公冶长》第七章）

◎季康子问："仲由可使从政也与？"子曰："由也果，于从政乎何有？"曰："赐也，可使从政也与？"曰："赐也达，于从政乎何有？"曰："求也，可使从政也与？"曰："求也艺，于从政乎何有？"（《雍也》第六章）

◎季子然问："仲由、冉求可谓大臣与？"子曰："吾以子为异之问，曾由与求之问！所谓大臣者，以道事君，不可则止。今由与求也，可谓具臣矣。"曰："然则从之者与？"子曰："弑父与君，亦不从也。"（《先进》第二三章）

◎子路使子羔为费宰。子曰："贼夫人之子。"子路曰："有民人焉，有社稷焉，何必读书，然后为学？"子曰："是故恶夫佞者。"（《先进》第二四章）

◎子华使于齐，冉子为其母请粟。子曰："与之釜。"请益，曰："与之庾。"冉子与之粟五秉。子曰："赤之适齐也，乘肥马，衣轻裘。吾闻之也，君子周急不继富。"原思为之宰，与之粟九百，辞。子曰："毋！以与尔邻里乡党乎！"（《雍也》第三章）

◎子贡问："师与商也孰贤？"子曰："师也过，商也不及。"曰："然则师愈与？"子曰："过犹不及。"（《先进》第一五章）

◎子谓子夏曰："女为君子儒，无为小人儒。"（《雍也》第一一章）

◎南宫适问于孔子曰："羿善射，奡荡舟，俱不得其死然。禹稷躬稼而有天下。"夫子不答。南宫适出，子曰："君子哉若人！尚德哉若人！"（《宪问》第六章）

◎子谓公冶长："可妻也。虽在缧绁之中，非其罪也。"以其子妻之。子谓南容："邦有道不废，邦无道免于刑戮。"以其兄之子妻之。（《公冶长》第一章）

◎南宫三复白圭，孔子以其兄之子妻之。（《先进》第五章）

◎子谓子贱："君子哉若人！鲁无君子者，斯焉取斯？"（《公冶长》第二章）

◎子曰："吾未见刚者。"或对曰："申枨。"子曰："枨也欲，焉得刚？"（《公冶长》第一〇章）

◎子使漆雕开仕。对曰："吾斯之未能信。"子说。（《公冶长》第五章）

◎子游为武城宰，子曰："女得人焉尔乎?"曰："有澹台灭明者，行不由径，非公事未尝至于偃之室也。"（《雍也》第一二章）

第十四篇　记孔子弟子语

◎子贡曰："君子之过也，如日月之食焉。过也，人皆见之。更也，人皆仰之。"（《子张》第二一章）

◎子贡曰："纣之不善，不如是之甚也。是以君子恶居下流，天下之恶皆归焉。"（《子张》第二〇章）

◎棘子成曰："君子质而已矣，何以文为?"子贡曰："惜乎! 夫子之说君子也，驷不及舌。文犹质也，质犹文也。虎豹之鞟，犹犬羊之鞟。"（《颜渊》第八章）

◎子夏曰："日知其所亡，月无忘其所能，可谓好学也已矣。"（《子张》第五章）

◎子夏曰："博学而笃志，切问而近思，仁在其中矣。"（《子张》第六章）

◎子夏曰："百工居肆以成其事，君子学以致其道。"（《子张》第七章）

◎子夏曰："仕而优则学，学而优则仕。"（《子张》第一三章）

◎子夏曰："大德不逾闲，小德出入可也。"（《子张》第一一章）

◎子夏曰："君子有三变。望之俨然，即之也温，听其言也厉。"（《子张》第九章）

◎子夏曰："小人之过也，必文。"（《子张》第八章）

◎子夏曰："君子信而后劳其民。未信，则以为厉己也。信而后谏。未信，则以为谤己也。"（《子张》第一〇章）

◎子夏曰："虽小道，必有可观者焉，致远恐泥，是以君子不为也。"（《子张》第四章）

◎司马牛忧曰："人皆有兄弟，我独亡。"子夏曰："商闻之矣，死生有命，富贵在天。君子敬而无失，与人恭而有礼，四海之内，皆兄弟也。君子何患乎无兄弟也！"（《颜渊》第五章）

◎子夏之门人问交于子张曰："子夏云何？"对曰："子夏曰：'可者与之，其不可者拒之。'"子张曰："异乎吾所闻：'君子尊贤而容众，嘉善而矜不能。'我之大贤与，于人何所不容？我之不贤与，人将拒我，如之何其拒人也？"（《子张》第三章）

◎子张曰："执德不弘，信道不笃，焉能为有？焉能为亡？"（《子张》第二章）

◎子张曰："士见危致命，见得思义，祭思敬，丧思哀，其可已矣。"（《子张》第一章）

◎子游曰："子夏之门人小子，当洒扫应对进退则可矣，抑末也。本之则无，如之何？"子夏闻之，曰："噫！言游过矣！君子之道，孰先传焉？孰后倦焉？譬诸草木，区以别矣。君子之道，焉可诬也。有始有卒者，其惟圣人乎？"（《子张》第一二章）

◎子游曰："吾友张也，为难能也，然而未仁。"（《子张》第一五章）

◎子游曰："丧，致乎哀而止。"（《子张》第一四章）

◎子游曰："事君数，斯辱矣。朋友数，斯疏矣。"（《里仁》第二六

章）

◎曾子曰："以文会友，以友辅仁。"（《颜渊》第二四章）

◎曾子曰："堂堂乎张也，难与并为仁矣。"（《子张》第一六章）

◎曾子曰："吾闻诸夫子：'人未有自致者也，必也亲丧乎！'"（《子张》第一七章）

◎曾子曰："吾闻诸夫子：'孟庄子之孝也，其他可能也，其不改父之臣与父之政，是难能也。'"（《子张》第一八章）

◎曾子曰："慎终追远，民德归厚矣。"（《学而》第九章）

◎曾子曰："可以托六尺之孤，可以寄百里之命，临大节而不可夺也，君子人与？君子人也。"（《泰伯》第六章）

◎曾子曰："君子思不出其位。"（《宪问》第二八章）

◎曾子曰："士不可不弘毅，任重而道远。仁以为己任，不亦重乎？死而后已，不亦远乎？"（《泰伯》第七章）

◎曾子曰："吾日三省吾身：为人谋，而不忠乎？与朋友交，而不信乎？传，不习乎？"（《学而》第四章）

◎曾子曰："以能问于不能，以多问于寡，有若无，实若虚，犯而不校。昔者吾友尝从事于斯矣。"（《泰伯》第五章）

◎孟氏使阳肤为士师，问于曾子。曾子曰："上失其道，民散久矣。如得其情，则哀矜而勿喜。"（《子张》第一九章）

◎曾子有疾，召门弟子曰："启予足，启予手。《诗》云：'战战兢兢，如临深渊，如履薄冰。'而今而后，吾知免夫！小子！"（《泰伯》第三章）

◎曾子有疾，孟敬子问之。曾子言曰："鸟之将死，其鸣也哀。人之将死，其言也善。君子所贵乎道者三：动容貌，斯远暴慢矣。正颜色，斯近信矣。出辞气，斯远鄙倍矣。笾豆之事，则有司存。"（《泰伯》第四章）

◎有子曰："其为人也孝弟，而好犯上者，鲜矣。不好犯上，而好作乱者，未之有也。君子务本，本立而道生。孝弟也者，其为仁之本与?"（《学而》第二章）

◎有子曰："礼之用，和为贵。先王之道，斯为美，小大由之。有所不行。知和而和，不以礼节之，亦不可行也。"（《学而》第一二章）

◎有子曰："信近于义，言可复也。恭近于礼，远耻辱也。因不失其亲，亦可宗也。"（《学而》第一三章）

◎哀公问于有若曰："年饥，用不足，如之何?"有若对曰："盍彻乎?"曰："二，吾犹不足，如之何其彻也?"对曰："百姓足，君孰与不足? 百姓不足，君孰与足?"（《颜渊》第九章）

　　上《孔子传略》及《论语新编》两稿，乃十余年前旧作，久藏箧笥中，未经刊布。越后，先成《论语新解》，近又撰《孔子传》，回视此两稿，见解容有小进，此两稿当可投废纸篓中，而终未投弃。及门戴君景贤，偕其友好，共创一小书肆，刊行旧籍，拟于今年孔子诞辰，邀余撰文，以资宣传。急切无以应，姑检此两旧稿与之。窃谓治学者，笃古开新，非属二事。会通分别，亦非两途。考论孔子行事，自当仍以史迁《世家》为本。籀贯孔子言论，亦不妨分类以求。此两稿之与《论语新解》及《孔子传》，见解容有不同，

213

途辙亦复稍异，兼而观之，亦庶可资启发之助云尔。敝帚自珍，不胜内惭。

一九七五年七月下旬钱穆识